国家科学技术学术著作出版基金资助出版

低风速风力发电机组理论与应用丛书

低风速风力发电机组
关键技术及应用

褚景春　著

科学出版社

北　京

内 容 简 介

低风速风力发电机组技术是涉及多学科领域交叉的综合性技术,低风速风力发电机组具有结构非线性变形大、关键部件承载力强、载荷控制技术要求高、载荷评估和故障预警难度大的特点,较常规风力发电机组技术的难度更大。本书结合多年来数万台低风速风力发电机组的运行、测试等支撑数据,融合低风速风力发电机组各个子系统关键技术的原理、方法与工程实践内容,全面系统地介绍了低风速风力发电机组涉及的各个系统关键技术和应用实例。

本书可供从事风力发电工程设计、技术研发及管理运行的相关人员参考和使用。

图书在版编目(CIP)数据

低风速风力发电机组关键技术及应用 / 褚景春著. —北京:科学出版社,
2024.3

(低风速风力发电机组理论与应用丛书)

ISBN 978-7-03-077348-7

Ⅰ.①低… Ⅱ.①褚… Ⅲ.①风力发电机-发电机组-设计
Ⅳ.①TM315

中国国家版本馆CIP数据核字(2023)第242743号

责任编辑:张海娜 纪四稳 / 责任校对:任苗苗
责任印制:肖 兴 / 封面设计:图阅社

科学出版社 出版
北京东黄城根北街 16 号
邮政编码:100717
http://www.sciencep.com
河北鑫玉鸿程印刷有限公司印刷
科学出版社发行 各地新华书店经销
*
2024 年 3 月第 一 版 开本:720 × 1000 1/16
2024 年 3 月第一次印刷 印张:15
字数:300 000
定价:180.00 元
(如有印装质量问题,我社负责调换)

前　　言

能源低碳发展关乎人类未来，随着全球新能源技术不断进步，发展风电已成为世界各国推进能源结构转型的关键举措和应对气候变化的重要途径。我国高风速优质风资源主要集中于"三北"地区，而中东南部地区风速低于 6.5m/s 的区域占比大，这些地区风资源能量密度低、气候环境复杂多变。随着国内陆上风电重心转移，中东南部地区风电的规模化开发成为重要的增量市场。攻克低风速风力发电机组关键技术，将风能安全高效转化为电能成为行业的重要方向。针对我国风资源特点，作者所在团队与产业链上下游各方协力互助，聚焦低风速风力发电机组关键技术，持续突破，同时推动产业链协同创新，促进低风速风电规模化不断发展。截至 2022 年底，我国风电装机总量超过 3.65 亿 kW，稳居世界首位。

低风速风力发电机组技术是涉及多学科领域交叉的综合性技术，较常规风力发电机组技术的难度更大，不仅需要了解机械工程、控制工程、电机学、电力电子、流体力学、气象学、材料力学等方面的知识，也需要深入研究整机及其涵盖的叶片、传动链、电气、控制等各个子系统的设计方法，以适应能量密度低、湍流强度高的特征，在部件性能、机组成本等多目标中取得最优解。因此，全面系统地介绍低风速风力发电机组涉及的各个系统关键技术和应用实践对于我国风电的发展和人才培养具有重要意义和参考价值。

本书注重结构体系的完整性和章节内容的层次性，力求将低风速风力发电机组各个子系统关键技术的原理、方法与工程实践有机融合，进行系统化介绍。全书共 9 章，主要内容包括低风速风力发电机组的叶轮系统、传动链系统、偏航系统、电气系统、控制系统、监控系统、支撑结构、辅助系统等部件的设计方法及关键技术。

本书旨在全面介绍低风速风力发电机组技术，涉及面较广，内容较多，书中难免存在疏漏或不足之处，敬请专家学者和广大读者批评指正。

褚景春

2023 年 5 月于北京

目　　录

第1章 低风速风力发电机组系统构成

低风速风力发电机组系统构成基本与常规风力发电机组一致，但由于其面对的是低风速资源，所构成系统并不是部件的简单放大、加重、延长等，而是对其中关键技术进行了系统性、一体化的优化升级，特别是载荷分析、叶片气动计算、动力学仿真等方面均有突破，本章将逐一介绍，并在后续章节进行详细讲解。

1.1 叶 轮 系 统

风力发电设备中，叶轮系统是实现风能转换成机械能的关键部件，包括叶片、轮毂、变桨系统等，成本占风力发电机组总造价的 20%以上。

叶轮的设计涉及多个学科，包括空气动力学、结构力学、弹性力学、材料力学等。叶轮的参数直接影响着风力发电机的转速和输出功率。一般来说，叶轮由轮毂和两个或两个以上的叶片组成，目前应用比较广泛的是双叶片风力机和三叶片风力机。叶片的几何形状，如翼型、叶片长度、扭角等决定着风力发电机组的空气动力学特性。

一般情况下，叶片越长，叶轮的扫风面积越大，输出功率越大，但同时对制造和安装的要求越高，因此优化设计叶轮系统，是实现最经济发电成本的根本途径。

1.1.1 叶片

在风力发电机中，叶片的设计直接影响风能的转换效率，从而影响发电量，是风能利用的重要一环。翼型作为叶片的气动外形，直接影响叶片对风能的吸收。翼型的选择有很多种，FFA-W 系列翼型的优点是在设计工况下具有较高的升力系数和升阻比，并且在非设计工况下具有良好的失速性能。叶片的气动设计方法主要有依据贝茨(Betz)理论简化的设计方法、格劳特(Glauert)方法与威尔逊(Wilson)方法。

叶片的设计不仅需要参考设计标准，还应考虑风力发电机组的具体安装和使用情况。叶片的设计过程需要根据总体设计方案，并结合具体的技术要求通过系统的气动设计和结构设计，实现设计目标。气动设计需要选择最佳的叶片几何外形，实现年发电量最大的目标。结构设计需要结合材料属性分析结构形式、载荷分布等，实现叶片强度、刚度、稳定性等目标。叶片基本设计流程如图 1-1

所示，一般情况下，需要从叶片的气动外形设计开始，再根据气动设计要求进行结构设计。

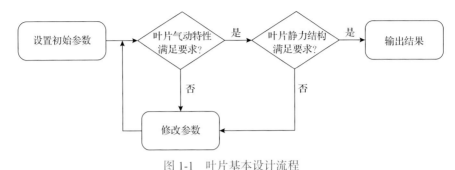

图 1-1　叶片基本设计流程

实际上，设计流程并不是绝对的，叶片结构设计不能也不可能完全处于从属地位。从叶片总体设计开始，往往就需要从结构设计角度对气动方案提出修改意见，甚至不得不改变某些截面的气动外形，以获得叶片气动与结构性能的合理匹配。因此，优良的叶片设计是在各种性能关系合理平衡的过程中形成的结果。

1.1.2　变桨系统

风力发电机组的变桨系统不仅是风力发电机组的核心制动设备，还是吸收风能的重要部件，通过气动制动及调节风轮输入功率等方式，为风力发电机组高效、可靠运行提供切实保障。电动变桨距机组内部配套的变桨系统的结构有伺服机构、变桨控制器、后备电源及位置反馈传感器等。

1. 变桨系统的基本构成

通常来说，变桨系统主要设备包括永磁同步发电机 3 台、电池柜 3 个、轴控制柜 3 个、中心控制柜 1 个，以及其他附件。在中心控制柜中主要集成了充电器、变桨控制器以及能够实现变桨控制器功能的继电器与辅助接触器等；在轴控制柜中主要集成了伺服驱动器以及能够对伺服机构进行有效控制的继电器与辅助接触器；在电池柜中装有电池组，由阀控式铅酸蓄电池(12V)组成，共计 24 块，全密封设计，能够避免出现漏酸情况，防止腐蚀设备与污染环境。此外，变桨系统还专门安装有风扇、加热器，保证电池温度始终维持在合理范围内。针对编码器、电池柜、中心控制柜、变桨电机、轴控柜间的连接，由所设置的电缆来实现，而滑环负责机舱控制系统与变桨系统间的连接。通过机舱主控制器与滑环之间的连接，变桨系统可根据实际需要，从风力发电机机舱控制系统中得到控制信号。滑环则是借助滑道与刷针的接触，来实现数字信号的传递以及动力电源的传送，其包含 15 路 24V 信号电路、400V 主电源、串口通信线路与 230V 不间断后备电源。

2. 变桨系统的工作原理

变桨系统的核心功能有两个，其一为调节功率，其二为安全停机。

若处于调节功率模式，则其基本工作原理是：机舱主控制器依据当前的实际风速，与机组设定转速和发电机实际转速之间存在的差值相比较，通过系统化的比例-积分(proportional integral，PI)计算，从而得到准确的变桨角度设定值。另外，还能借助串口通信线，向变桨控制器传送相关变桨指令，当变桨控制器对相关设定值予以接收后，结合编码器，实时反馈角度，通过 PI 计算，得到变桨速度设定值，结合 A 编码器反馈变桨速度，通过 PI 计算得到变桨驱动电压，如此一来，便能获得一个典型的闭环控制，以此来最大限度地保障系统控制的有效性、可靠性与稳定性。此外，将 1 个冗余 B 编码器设置在叶片的旋转回路上，并把它当作备用的旋转角度测量器。在调节功率模式下，编码器、变桨驱动器、变桨控制器与变桨电机便组成了一个高性能的位置随动控制系统，然后以同步串行接口(synchronous serial interface，SSI)通信的方式，利用 A 编码器将绝对式编码器所测得的位置信号，以一种合理的方式持续传送至变桨控制器。与此同时，还能以正余弦信号方式，持续向变桨驱动器传送所测得的角度信号，且将电机速度计算出来，作为系统的反馈闭环控制信号。

若处于安全停机模式，则其工作原理是：当发生系统电源断电、电网故障或是超过安全风速等紧急情况时，系统以一种自动方式，切换至更加安全的后备蓄电池供电模式，此时动力由蓄电池提供，确保风力发电机可以安全且及时地回桨。当发生紧急停机，或者极端风况时，变桨系统会立刻将与外部系统连接的电源断开，从之前的自动模式向蓄电池供电回桨模式转换，使叶片转至风力发电机事先设定的安全位置上(91°)。若叶片已经回到安全位置，则借助 91°位置处安装的限位开关，将蓄电池供电中断，达到事先紧急变桨的目的。由于三个叶片分别由各自电机与伺服系统控制，其中一个叶片发生故障，不会对其他两个叶片变桨工作造成影响，为整个系统的可靠性与安全性提供了切实保障。

1.2　传动链系统

低风速风力发电机组传动链系统主要包含浮动主轴、主轴、推力轴承、齿轮箱、联轴器和发电机等。

叶轮的转速和转矩通过轴系传递给齿轮箱，齿轮箱增速后，再传递给发电机，实现了将机械能转化为电能的过程。低风速风力发电机组的传动链系统通常选用带有齿轮箱的齿轮传动系统，齿轮箱是低风速风力发电机组传动链系统中的关键部件之一。

在研究低风速风力发电机组传动链系统的动力时，可以引用数学模型对传动链系统的动力进行研究，主要使用的方法有三种：①传递矩阵法；②集中参数法；③有限元法。其中集中参数法是利用数学中的线性方程或者非线性方程来建立齿轮的动态模型，利用该模型可以使抽象化的传动链系统运转过程形象化。低风速风力发电机组传动链系统是多级、多齿轮传动系统，运行结构较为复杂。基于集中参数法的优势，可以建立与传动链系统等价的动力模型，将多级、多齿轮的传动链系统简化为离散空间数学模型。

传动链系统在运行时还会产生振动，一般振动形式分为径向振动、圆周方向振动和轴向振动。鉴于低风速风力发电机组传动链系统运动过程十分复杂，在建立模型时要同时考虑三个方向的振动，则建立的振动模型将会变得更为复杂，振动模型的自由度则会大大增加。经分析不难发现，传动链系统的振动方式主要为圆周方向振动，也称为扭转振动。因此，在建立传动链系统模型时，可以近似将扭转传动系统模型看作传动链系统模型，以简化模型，便于深入研究。

一般来说，传动链系统的故障具体可以分为齿轮的轴承损坏、传动链系统的断齿点磨损、传动链系统断轴等。齿轮的轴承损坏是造成风力发电机组不能正常运行的主要原因。造成齿轮轴承损坏的主要原因有局部断齿、传动链系统磨损、齿轮轮点腐蚀、齿轮胶合、齿根磨损严重。当齿轮出现故障时，要及时对故障进行诊断，并判断具体故障类型，现阶段使用的故障诊断方法多基于振动诊断，此种方法具有很高的准确率，能提高低风速风力发电机组传动链系统预测性维护的可行性。

1.3　偏　航　系　统

偏航系统是风力发电机组特有的伺服系统，是风力发电机机舱的一部分，其作用在于当风向变化时，能够快速平稳地对准风向，保证风轮捕获最大的风能。当风轮处于正对风位置时，在风向不变的情况下，偏航系统可使机舱定位。偏航系统主要由偏航检测与控制部分、扭缆保护装置、偏航机构三大部分组成。偏航机构由偏航动力源、偏航传动装置、偏航驱动机构、偏航轴承和制动装置组成。

偏航系统的作用主要有两个：一是与风力发电机组的控制系统相互配合，使风力发电机组的风轮始终处于迎风状态，充分吸收风能，提高风力发电机组的发电效率；二是提供必要的锁紧力矩，以保障风力发电机组的安全运行。因此，偏航系统在风力发电机组中尤为重要。

风力发电机组中应用的偏航系统大致分为常阻尼式和液压阻尼式两种。常阻尼式偏航系统采用全部偏航卡块以额定力矩固定在偏航齿圈盘上，偏航时通过偏航电机的输出功率克服卡块与齿圈盘之间的摩擦力，使机舱向某一方向转动，在机舱与风向角度一致时，电机电源被切断，机舱的固定由偏航卡块来保证。常阻尼式偏航系统因减少了偏航液压系统，结构相对简单，但要求偏航电机输出功率大、偏航卡块力矩均衡度高、摩擦垫片耐磨性能强，因而偏航系统维护量大。若偏航卡块力矩均衡度较差，在偏航时机舱会产生较大的振动，根据测量数据，振幅峰值为非偏航时的 30 倍以上；如果这种情况时间较长，会导致塔筒严重变形。

液压阻尼式偏航系统采用一半数量的卡块以额定力矩固定在偏航齿圈盘上，另一半可由液压单元控制压紧或释放在偏航齿圈盘上。需要偏航时，通过液压的压力使卡块释放，机舱可转动；对风后，通过液压对卡块的上下油路加压，使卡块压紧在齿盘上。液压阻尼式偏航系统采用"需用才用"的设计思维，在机舱偏航时即释放液压卡块，这样对偏航的功率要求低，也就可相对减配偏航电机，缺点是增加了一套液压单元，也增加了风力发电机故障的可能性。因此，有些整机厂家已结合两者的优点，采用液压阻尼混合式设计，使偏航系统更为合理，也更符合自动控制的理念。

1.4　电　气　系　统

低风速风力发电机组的电气系统由电气控制系统、安全保护系统、防雷保护系统和低压配电系统组成，以实现机组的稳定运行及安全保护。

低风速风力发电机组的电气系统设计遵循以下原则：

(1)降本增效原则。机组在设计过程中，通过优化设计来降低机组成本，并通过效率提升等方法来提高发电量，实现机组最优度电成本的降本增效。

(2)可靠性原则。机组在设计过程中，结合已并网运行机组的经验，在元器件选型和控制、热控制、标准化控制、冗余和容错控制、环境防护、人为因素防误操作等方面进行可靠性设计，降低机组电气系统故障率。

(3)可维护性原则。机组在设计过程中，从最优维护的角度出发，保证机组出现故障时易发现、易拆卸、易检修、易安装。可维护性设计中综合考虑人性化、标准化和部件互换性等方面的内容。

此外，低风速风力发电机组的电气系统设计还应具有良好的电网适应性，满足高电压穿越、低电压穿越、宽频率电网要求等。

1.5　控　制　系　统

风力发电是将风能转换为机械能再将机械能转换为电能的过程，其中风力发电机组及其控制系统将风能转换为机械能，发电机及其控制系统将机械能转换为电能。风力发电机组的控制系统是综合性控制系统，通过主动或被动的手段控制风力发电机组的运行，并保持运行参数在正常范围内。控制系统不仅要监测电网、风况和机组运行参数，对机组进行并网、脱网控制，以确保运行过程的安全性和可靠性，而且要根据风速、风向的变化，对机组进行优化控制，以提高机组的运行效率和发电量。

控制系统包括为实现最大限度地捕获风能采用的一系列风力发电机组整机控制策略，具有以下功能：

(1)监视电网、风况和机组的运行参数；

(2)优化控制，提高机组的运行效率和发电量；

(3)降低运行载荷与提升可靠性；

(4)智能统计与状态评估。

控制系统是风力发电机组的主要组成部分，直接影响着整个风力发电机组的性能及效率。如图 1-2 所示，控制系统包括控制策略、硬件设计、软件设计等部分。

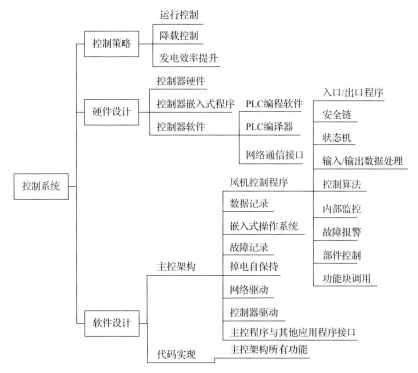

图 1-2　控制系统结构示意图

PLC 指可编程逻辑控制器(programmable logic controller)

1.5.1　控制策略概述

风力发电机组的基本控制包括三部分：基于最大功率跟踪的控制、转速-桨距角控制、控制决策器。基于最大功率跟踪的控制确保风力发电机组运行在额定风速条件下时输出最大功率；转速-桨距角控制确保风力发电机组运行在高于额定风速条件下时输出恒定功率；控制决策器决定着风力发电机组运行在额定风速附近时转速-转矩控制与转速-桨距角控制之间的切换，确保风力发电机组稳定运行。优化的风力发电机组控制还包括机舱减振控制和传动链减振控制等。

风力发电机组整机控制框图如图 1-3 所示。

1.5.2　控制策略设计

低风速风力发电机组运行在变速阶段(最大风能捕获)时，风能利用系数即功率系数 C_p 达到最大值，桨距角为最优桨距角，发电机转矩和发电机转速达到最佳匹配。通过比较不同桨距角下风能利用系数与叶尖速比的变化规律(C_p-λ 曲线)，寻找低于额定风速最优桨距角，可使 C_p 达到最大值，则风力发电机组风能利用效率最优。由图 1-4 可知，在 0°桨距角下 C_p 较高，且在较大的 λ 变化范围内，C_p 可保持较大值，因此最优桨距角选取 0°。

风力发电机组风能利用系数与风速(v)关系曲线如图 1-5 所示。

在风力发电机组控制中，控制系统以变速控制来实现最大能量捕获，以改变桨距角来调节叶片。从并网转速到额定转速，转速-转矩控制的追踪曲线如图 1-6 所示。

按照风速的不同，上述控制过程可分为以下四个阶段。

1. 切入阶段(恒转速控制)

随着风速的增大，控制系统控制发电机追踪并网转速，此时电磁转矩随风速不断增大。在此过程中，控制系统将实测的电机转速与参考转速进行比较，将对比结果输入给 PI 控制器，并输出相应的电磁转矩，保持电机并网转速恒定不变。

2. 变速阶段(最优功率追踪)

根据叶片的最大风能利用系数($C_{p\max}$)及对应的叶尖速比(λ)，结合风轮的半径(R)、空气密度(ρ)等参数可以计算出最优转矩系数(K_{opt})，并由此得出不同发电机转速(ω_g)下的最优电磁转矩，通过这种控制方式使得发电机转矩与发电机转速相匹配，风力发电机组获得最大风能捕获。

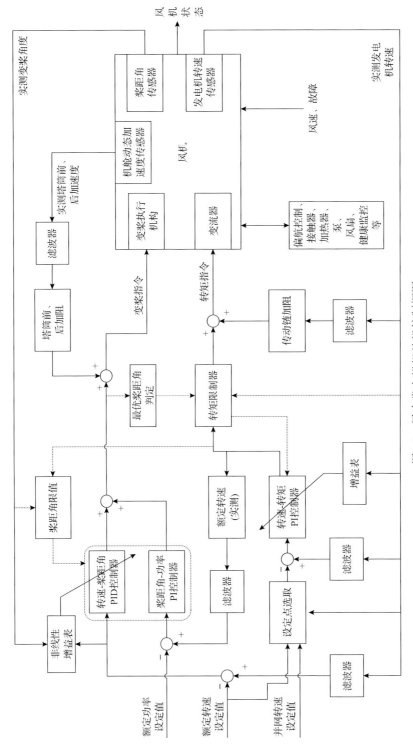

图1-3 风力发电机组整机控制框图
PID指比例-积分-微分(proportional-integral-derivative)

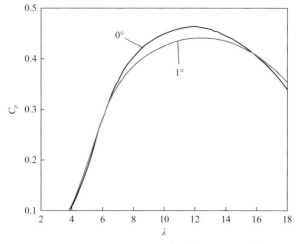

图 1-4　风力发电机组不同桨距角下的 C_p-λ 曲线

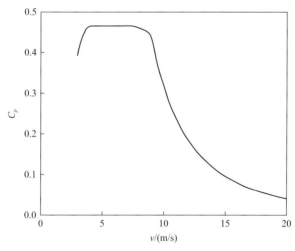

图 1-5　风能利用系数与风速关系曲线

3. 额定转速阶段(恒转速控制)

在电机达到额定转速后，随着风速的增大，控制系统控制发电机保持追踪额定转速，电磁转矩继续增大直到达到额定转矩。在此过程中，将实测的电机转速与参考转速进行比较，将对比结果输入给 PI 控制器，并输出相应的电磁转矩，保持电机并网转速恒定不变。

4. 额定功率阶段(恒功率控制)

通过桨距角控制，使叶片沿其纵向轴转动以改变桨距角，从而改变桨叶获得的动力转矩，达到控制发电机功率输出保持稳定的目的。在此过程中，将实测的电机转速与参考转速进行比较，将对比结果输入 PI 控制器，并输出桨距角信号，传递给变桨执行机构进行变桨动作，保持发电机转速及功率稳定。

控制系统设计时控制目标曲线为风速-功率曲线、风速-转矩曲线、风速-转速曲线和风速-桨距角曲线，如图 1-7～图 1-10 所示。

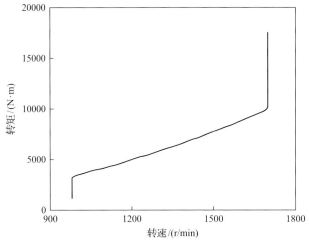

图 1-6　发电机转速-转矩控制曲线

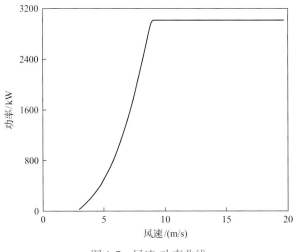

图 1-7　风速-功率曲线

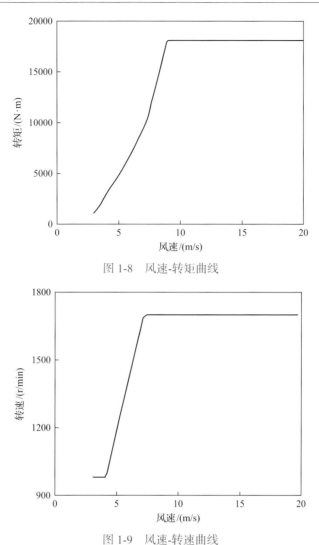

图 1-8　风速-转矩曲线

图 1-9　风速-转速曲线

1.5.3　最优功率控制技术

　　风力发电机组正常运行的控制算法包括低于额定功率的最大功率点跟踪(maximum power point tracking，MPPT)控制器及高于额定功率的统一变桨控制(collective pitch control，CPC)控制器。设计良好的 MPPT 控制器、CPC 控制器及控制决策器可保证风力发电机组在正常风况下转速超调小、机组运行稳定，在保证最大风能捕获的同时减小机组疲劳载荷；能够在极端风况下快速响应，限制机组超速，降低风力发电机组极限载荷。

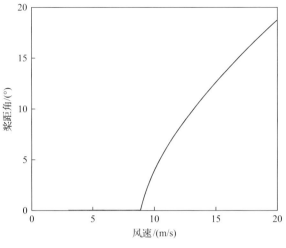

图 1-10   风速-桨距角曲线

1. 基于最大功率点跟踪的控制

1) 最大功率点跟踪控制

当风力发电机组运行在低于额定风速条件下(并网转速与额定转速之间)时，通过控制发电机转矩与发电机转速匹配，达到最优功率输出，公式为

$$Q_d = K_\lambda \omega_g^2 \qquad (1-1)$$

$$K_\lambda = \pi \rho R^5 C_p(\lambda) / (2\lambda^3 G^3) \qquad (1-2)$$

式中，K_λ 为最优转矩增益；ρ 为空气密度；R 为桨叶半径；λ 为叶尖速比；$C_p(\lambda)$ 为叶尖速比 λ 下的风能利用系数；G 为齿轮箱减速比。

2) 恒转速控制

当风力发电机组达到并网转速或额定转速时，控制系统采用 PI 控制器，根据发电机转速的变化来调整转矩给定值，进而维持发电机转速为目标转速。PI 控制器中的比例系数、积分系数为恒定值。

转矩 PI 控制器的传递函数为

$$G(s) = \frac{K_p}{sT_i}(1 + sT_i) \qquad (1-3)$$

式中，K_p 为比例增益；T_i 为积分时间常数；K_p / T_i 为积分增益。

在 PI 控制中，参数 K_p、K_i 的大小对机组稳定性影响较大，因此需要风力发电机组线性化模型及专业软件调节，以保证风力发电机组系统有较好的稳定性，根据实际工程经验，需要考虑 9m/s 风速下风力发电机组的稳定性及系统响应。

图 1-11 为 9m/s 风速下风力发电机组传递函数伯德图。

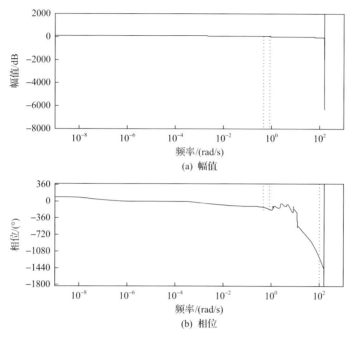

(a) 幅值

(b) 相位

图 1-11 9m/s 风速下风力发电机组传递函数伯德图

图 1-12 为 9m/s 风速下发电机转速动态测量值。由图中曲线可知，在风速波动时，发电机转速的波动范围为额定转速上下 40r/min，综合考虑风速变化的随机性及机组本身的控制滞后性，MPPT 控制器的设计效果较好。

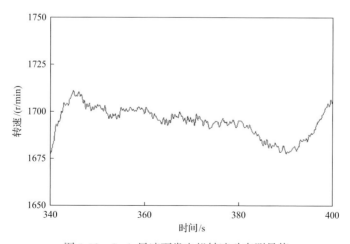

图 1-12 9m/s 风速下发电机转速动态测量值

2. 统一变桨控制

当转矩控制器输出达到最大值后，在统一变桨控制过程中，桨距角控制器根据发电机实测转速动态改变桨距角，保持发电机转速稳定在目标转速附近，桨距角控制器为 PI 控制器。

变桨 PI 控制器传递函数为

$$G(s) = \frac{K_p(\beta)}{sT_i(\beta)}(1 + sT_i(\beta)) \tag{1-4}$$

式中，K_p 为比例增益；T_i 为积分时间常数；β 为当前实测桨距角。

图 1-13 为 12m/s 风速下风力发电机组传递函数伯德图。

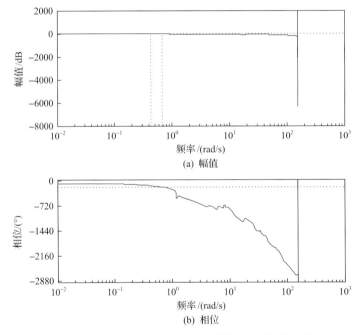

图 1-13   12m/s 风速下风力发电机组传递函数伯德图

图 1-14 为 12m/s 风速下发电机转速动态测量值。由图中曲线可知，在风速波动时，发电机转速的波动范围为额定转速上下 80r/min，综合考虑变桨执行机构的滞后性及风轮惯量，在风速为 12m/s 时，统一变桨控制器的设计效果良好。

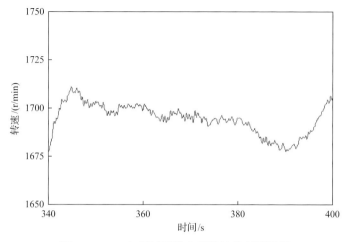

图 1-14　12m/s 风速下发电机转速动态测量值

1.6　监控系统

风电场监控系统是以计算机为基础的生产过程控制与调度自动化系统,可以对现场风力发电机组运行设备进行监视和控制,以实现数据采集、设备控制、事故报警、全场能量调度以及运营指标分析等功能。监控系统可以保证系统的信息完整,正确掌握风力发电系统的运行状态,帮助快速诊断系统故障,提高生产效率。目前,维斯塔斯风力技术(中国)有限公司、西门子歌美飒可再生能源科技(中国)有限公司、美国通用电气公司、金风科技股份有限公司、远景能源有限公司等风力发电机组整机厂商均为自己生产的风力发电机组提供配套的监控系统,但这些监控系统一般只能适用于特定的机型,推广适应性较差,且从监控系统本身功能特点来看,不具备能量调度、诊断预警、统计分析等功能,管理分析能力弱,风电场的效益无法充分实现,整体效益得不到保障。

智能风电场管控平台旨在搭建统一的系统级拓扑架构,进行信息数据的精确汇总及分析,并根据信息感知的结果协调系统控制,以实现经济效益的最大化。风力发电的智能化也将促进风电技术持续不断地优化和升级,对信息进行更为精准有效的感知,推动控制系统进行更为精准有效的响应,使用户获得更为理想的使用体验。

1.6.1　监控系统目标

监控系统的具体目标可归纳为"三提升"。

1. 可靠性提升

智能风力发电机配有数量众多的先进传感器、完善的通信系统和自适应控制系统，能够自主感知自身和邻近风力发电机环境与运行状况，通过实时诊断与预先维护技术实现安全、高效生产。

2. 生产管理效率提升

通过建立可视化、在线式的智能运维系统，统筹运行、监控、管理、维护、检修等工作提升风电场效率，同时通过建立集约化、扁平化的现代管理模式，整体达到减员增效的目的。

3. 经济性提升

通过基于大数据与云计算平台的智能诊断技术实现风力发电机组的及时故障处理与预先维护，同时通过基于功率优化的整场自主协同运行实现风力发电系统的发电效益最大化。

1.6.2　监控系统特点

总体来说，应用低风速风力发电机组的风电场的监控系统应具备以下特点。

1. 风电场高速实时网络

目前国际上风电场内部各风力发电机组与中控室控制系统之间的通信周期为1s，这样的通信速度可以满足中控室监控系统对风力发电机组运行监控的需求，但随着电网对风力发电机组并网友好性要求的逐渐提高、风电运营商对风力发电机组健康评估及故障在线预警和分析需求的提升，原有的"秒级"通信速度已无法满足需求，"毫秒级"通信速度成为大势所趋。

风电场高速实时网络的搭建，其主要目标是构建风电场风力发电机组之间以及风力发电机组与中控室之间的"毫秒级"通信网络，将通信时间压缩到 200ms以内。为了实现这一目标，需要根据风力发电机组 PLC 的数据传输特性，针对性地开发风场级 PLC 以及风力发电机组 PLC 与风场级 PLC 之间的私有专属通信协议。高速实时网络为以下功能的高效提速打下了基础。

(1)电网频率波动的有功快速调节响应；

(2)电网电压波动的无功快速调节响应；

(3)风电场健康评估；

(4)故障预警及诊断。

风电场高速实时网络目前在国际上并未批量使用，该研究内容处于国际领先水平。

2. 场级能量优化管理

目前，"三北"地区弃风限电问题严重，风电场如何在限电情况下最大限度地提高发电量，成为风电运营商及整机厂家共同关心的问题。一般来说，场级能量优化管理具备以下几点功能：

(1) 对场内电量损耗进行动态补偿；

(2) 尽可能减少场内线路损耗；

(3) 全场额定功率柔性调节。

场级能量优化管理技术是根据电网限电情况，动态补偿线路损耗，动态控制机组的有功出力，保证全场有功出力"恰好"符合电网限电指标；同时动态选择离升压站最近的机组进行发电，保证线路损耗最小；并且在某几台机组定检或故障期间，智能提高其余机组的有功功率，确保整场功率不变，真正做到"度电必争"。此外，综合考虑发电量、运行载荷等多目标优化机组控制性能及风电场负荷分配算法，使风电场响应电网需求时具有更大的灵活性、经济性和安全性，实现智能风电场有功/无功优化调度。

3. 场级电网支撑技术

为推进解决风电并网消纳问题，西北电网有限公司和东北电网有限公司率先提出风力发电机组快速调频和电压调节的技术要求，并计划在其所属电网区域开展快速调频和电压调节测试，根据测试结果制定新的国家标准。

场级电网支撑技术主要包括以下几点：

(1) 快速调频；

(2) 电压调节；

(3) 风力发电机组无功和无功补偿装置的综合协调控制。

通过升级完善现有风电场运行控制策略、负荷分配算法等，在完成风电场能量优化管理的基础上，进一步实现快速调频、无功调压等功能，增强风电场的主动电网支撑能力。

1.7 支 撑 结 构

风力发电机的支撑结构主要包括机架、塔架。风将载荷和振动传导进入风力发电机中，载荷和振动从风力发电机的风轮经过支撑结构转移至塔架。支撑结构通常是铸造的金属件。

支撑结构设计是风力发电机组设计的基础，从投资比例上来看，陆上风力发电机组的支撑结构投资占到总投资的9%。在风电场站事故中，塔架结构原因造成风力发电机组损坏的情况占比最大，因此支撑结构设计在整个机组设计中占有重要地位。

塔架是风力发电机组中的主要支撑结构，它将风力发电机与地面连接为水平轴叶轮需要的高度，而且要承受极限载荷，它的刚度和风力发电机的振动有密切关系。目前常见的塔架有管柱式、桁架式、混凝土式等几种形式。

塔架设计在结构设计中占据中心地位主要表现在以下几个方面：首先，在整个风力发电机组中，塔架的作用是支撑机舱和叶轮，将叶轮等部件安装在设计高度处运行。其次，塔架又是整个风力发电机组的承载基础，需要足够的强度和刚度，以保证机组在各种载荷情况下能安全稳定运行，特别是保证机组在遭受一些恶劣外部条件，如台风或暴风袭击影响时的安全性。最后，由于风速、风向的不确定性，机组运行时塔架所受的载荷分布影响也是动态随机的，因此塔架还须具备一定的抗疲劳性能，一方面塔架要满足高度、刚度、强度等方面的要求，另一方面为实现降本增效，塔架需减轻重量。目前风力发电机组中的塔架设计偏向柔性塔，对于柔性塔，其一阶固有频率一般是叶轮旋转频率的1~3倍，所以在设计时必须考虑塔架与叶轮的共振问题。

基于塔架的以上特点及性能要求，在对塔架进行设计时，必须考虑的几点因素有塔架的静强度、疲劳、稳定性、模态及动力响应等。

1) 静强度分析

塔架是整个风力发电机组中重要的承载部件，其设计水平将直接影响风力发电机的工作性能和可靠性。为确保风力发电机组正常运行，提高塔架自身的可靠性，在设计塔架结构时必须充分考虑塔架的强度，这也是风力发电机组设计中的一项重要工作。进行风力发电机塔架设计，首先必须分析机组在各种载荷情况下运行时，塔架强度是否满足材料的静强度要求，即塔架最大应力必须低于结构的许用应力。通过在各种载荷情况下对塔架进行静强度分析计算，可以判断所设计的塔架能否承受极限载荷。然而风力发电机组运行时，塔架所承受的载荷是变化的。变载荷的作用可能会使零部件发生疲劳破坏，因此仅分析各种载荷情况下的静强度并不能确定一种设计方案是科学合理的，疲劳问题也是进行塔架设计时必须关注的。

2) 疲劳分析

塔架是风力发电机组的支撑结构，在风力发电机组运行时，塔架所承受的载荷是变化的，风剪切、塔影效应、阵风都将使机组和塔架承受变载荷，其中既有随机性的，也有周期性的。特别是由于风载荷的影响，塔架所承受的应力虽然低于钢材的抗拉极限强度，甚至低于屈服点，但由于长期受连续性风载荷的作用，也可能使其面临提前发生突然脆性断裂的风险。因此，在这种情况下塔架的疲劳载荷分析尤为重要。

3）稳定性分析

稳定性分析是保证塔架在特定载荷作用下，零部件不产生扭曲或屈曲，目的是求解结构从稳定平衡过渡到不稳定平衡的临界载荷和失稳后的屈曲形态。在结构的失效形态中，屈曲是其中的一种。对于受压结构，随着压力的增大，结构抵抗横向变形的能力会下降。当载荷达到某一水平时，结构的总体刚度趋于零，丧失稳定性，此时若出现横向挠动，结构就会发生屈曲破坏。在对塔架壁厚等尺寸进行设计时，结构的稳定性也是一项重要的决定因素。

4）模态分析

风力发电机组工作时，叶轮运行会对塔架系统，包括塔架和基础产生激励载荷。为了确保风力发电机组的正常运行，使叶轮与塔架有较好的动力相容性，必须通过计算分析配制好叶轮叶片和塔架系统的固有振动特性，避开叶轮转动时产生的激励频率，从而从根本上控制塔架系统的振动响应，避免共振现象的发生。机组运行时，塔架不仅承受叶轮旋转所产生的周期性激励，还要受到随机风载荷的作用力。由于它们的共同作用，塔架将产生振动，这种振动不但会引起塔架的附加应力，影响结构强度，而且会影响塔架顶端叶轮的变形和振动。因此，在风力发电机组塔架设计中，必须考虑塔架的结构动力学问题，对塔架进行模态分析，计算其固有频率。

5）动力响应分析

由于风速、风向的不稳定性，风力发电机组工作时所受的载荷并非一个恒定的值，传递到塔架上的载荷也就是动态随机的，因此在这种情况下就很有必要对塔架进行动力响应分析。

1.8 辅助系统

风力发电机组辅助系统主要包括液压系统、自动润滑系统等。液压系统属于风力发电机的一种动力系统，利用液体介质的静压力，完成能量的蓄积、传递、控制、放大，实现机械功能的轻巧化、精细化、科学化和最大化。液压系统的主要功能是为变桨控制装置、安全桨距控制装置、偏航驱动和制动装置、停机制动装置提供液压驱动力，是一个公共服务系统，它为风力发电机上所有使用液压作为驱动力的装置提供动力，由动力元件、控制元件、执行元件、辅助元件及液压油等组成。在定桨距风力发电机组中，液压系统的主要任务是驱动风力发电机组的气动制动和机械制动；在变桨距风力发电机组中，液压系统主要控制变距机构，实现风力发电机组的转速控制、功率控制，同时控制机械制动机构。

在能量转化过程中，轴承是传动链中的重要组成部分，为保证轴承能够正常稳定运行，需要定期对轴承进行润滑，保证轴承处于良好的工况下，延长轴承使用寿命。风力发电机组的主要润滑部位包括偏航轴承、推力轴承、变桨轴承。风力发电机组的单机容量从600kW增长到10MW，机组的自身质量和所承受的载荷也在增加，例如，机组偏航轴承所承受的质量已经从20多吨增加到150t左右。合格的润滑对各个受载轴承的影响愈发重要，人工润滑方式已经不能满足机组的使用要求，自动润滑系统的优势体现得较为明显，使用自动润滑系统，可以达到最优润滑，少量、频繁，使得润滑部件处于最佳工作状态。工业生产中自动润滑系统分为单线式自动润滑系统、双线式自动润滑系统、多线式自动润滑系统以及递进式自动润滑系统等。随着风电技术的进步，以及对风力发电机组可利用要求的不断提高，递进式自动润滑系统在风电行业中广泛使用，不同厂家的机组采用不同的自动润滑系统，但其设计原理和部件组成大同小异。自动润滑系统由风力发电机组的主控PLC或是润滑站自带的电控板控制直流电机启动，电机带动润滑泵站工作，润滑泵在适当的压力下将润滑脂注入分配器，分配器根据设定加脂量将润滑脂精确分配到各润滑点，完成整个润滑过程。当润滑站分配器发生堵塞故障时，堵塞指示器报警，泵站停止工作，故障处理完毕后，机组恢复正常运行。

第 2 章 叶 轮 系 统

风力发电机组叶轮系统由叶片、变桨系统和轮毂组成。叶片是吸收风能的单元，用于将空气的动能转换为叶轮转动的机械能，叶片上产生的升力使叶轮转动。每个叶片有一套独立的变桨机构，通过改变叶片的桨距角，主动对叶片进行调节，使叶片在不同风速条件下处于吸收风能最多的状态。当风速超过切出风速时，叶片顺桨制动。本章主要对涉及叶片、变桨系统和轮毂的理论、设计制造进行介绍。

2.1 叶 片

风力发电机组叶片设计包括专用翼型、气动、模具、结构、螺栓、避雷等方面的设计以及叶片工艺设计，其中方法类创新设计主要是叶片气动-结构一体化优化设计。

与传统的气动和结构独立优化设计相互迭代修正的方法相比，叶片气动、结构、载荷一体化设计平台综合考虑气动、结构以及载荷之间的相互作用，大幅提高了叶片设计效率和精度。通过对优化平台持续改进和完善，在提高优化效率的基础上，进一步提升平台综合功能及工程应用性，主要包括：集成多项成熟商用软件，完善自编程序，考虑更多优化变量，引入更全面的静态及动态载荷评估，设定更合理的优化目标。通过应用叶片一体化设计平台，可自动完成叶片气动及结构的初步设计，为叶片详细设计及整机设计奠定可靠的基础。

2.1.1 叶片翼型介绍

应用风力发电机组专用翼型是提高风能利用效率、减轻结构重量、减小疲劳载荷、降低风力发电机组叶片制造成本最为快捷有效的途径之一，主要涉及的关键气动问题包括风力发电机组新翼型设计要求和方法、翼型气动性能预测技术和二维翼型气动数据的三维旋转效应修正等。

翼型设计要满足气动和结构的要求，两者之间存在很多矛盾，如高升阻比与大厚度翼型之间的矛盾、较高的最大升力与前缘粗糙度不敏感性之间的矛盾，因此设计过程就是在这些矛盾中寻找最佳的匹配组合。翼型设计需要充分考虑功率范围、控制方式以及在叶展方向所处的位置等不同要求。小型风力发电机一般采用较薄的翼型，大型风力发电机则更青睐使用厚翼型以减小风轮实度从而降低叶片重量和成本。对于定桨失速型风力发电机，需要限制叶尖最大升力系数以保证可靠的失速控制，因此翼型大攻角失速特性显得尤为重要。变桨距风力发电机由于可自动调节叶片攻角，所关心的主要是失速前线性段具有较大升阻比以保证在所有风况下获得最大的功率。

叶片不同展向截面位置对翼型的要求包括：叶尖翼型厚度较薄，最大升力和最大阻力都较小但升阻比较高，且它必须具有较低的噪声水平；叶根采用较厚翼型可以获得更大的结构刚度和几何容积，从而减轻叶片变形的程度并降低叶片重量；除叶尖和叶根，叶片其余部分是主要产生功率的区域，要求翼型升阻比高且对粗糙度不敏感，失速要比较平缓，在失速区内仍能保持较大的升力。

1. 贝塞尔曲线与造型方法

1）贝塞尔曲线定义

贝塞尔曲线是由一组折线集或贝塞尔特征多边形来定义的。曲线的起点和终点与该多边形的起点和终点重合，且多边形的第一条边和最后一条边表示曲线在起点和终点处的切矢量方向。曲线的形状趋于特征多边形的形状。当给定空间 $n+1$ 个点的位置矢量时，贝塞尔曲线上各点坐标的插值公式为

$$p(t) = \sum_{j=0}^{k} p_j B_{j,k}(t) \tag{2-1}$$

$$B_{j,k}(t) = \begin{cases} c_k^j (1-t)^{k-j} t^j, & j = 0,1,2,\cdots,k \\ 0, & \text{其他} \end{cases} \tag{2-2}$$

式中，t 表示贝塞尔多边形 n 条边上插值点位置所取的长度比例，$0 \leqslant t \leqslant 1$；$p_j$ 构成该贝塞尔曲线的特征多边形；$B_{j,k}(t)$ 为 k 次伯恩斯坦(Bernstein)基函数，也是曲线上各点位置上矢量的调和函数。

2）叶片翼型造型方法

风力发电机组叶片设计所需要的参数中(图 2-1)，β_1 和 β_2 分别为风力发电机组叶片翼型的几何进口角和几何出口角，R_1 和 R_2 分别为前缘和后缘的半径，ε_1 和 ε_2 分别为前缘和后缘的尖角，c_x 为叶片轴向长度，c_t 为叶片沿流面的周向长度。另外，n_b 为叶片数。

当上述 9 个参数确定后，叶片型线上的点可通过贝塞尔曲线方程确定。因为

$$p'(t) = n \sum_{i=0}^{n} p_i \left[B_{i-1,n-1}(t) - B_{i,n-1}(t) \right], \quad \Delta p_i = p_{i+1} - p_i \text{ 当 } t=0 \text{ 时，} p'(0) = n(p_1 - p_0);$$

当 $t=1$ 时，$p'(1) = n(p_n - p_{n-1})$。

这说明贝塞尔曲线的起点和终点的切线方向和特征多边形的第一条边及最后一条边的走向一致。由图 2-1 中的 β_1 和 ε_1 确定过 P_1 点的切线 l_1，由 β_2 和 ε_2 确定

过 P_2 点的切线 l_2 ，两切线相交于点 P_3 ，由点 P_1 、 P_2 、 P_3 组成二次贝塞尔曲线的特征多边形，如图 2-2 所示，即得二次贝塞尔曲线。为了得到更高次贝塞尔曲线，在点 P_1 、 P_3 之间按照一定比例 $t(t \leqslant 1)$ 确定点 P_4 ，同理在 P_2 、 P_3 之间确定点 P_5 ，由四个矢量点 P_1 、 P_2 、 P_5 和 P_4 组成的特征多边形可确定三次贝塞尔曲线。依此类推，可得到更高次的贝塞尔曲线。

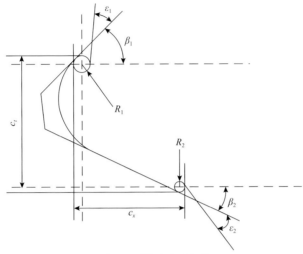

图 2-1　翼型造型参数

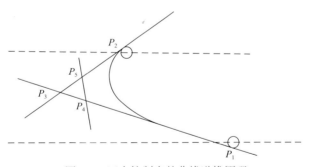

图 2-2　四个控制点的曲线递推原理

利用以上理论得到风力发电机组叶片翼型造型如图 2-3 所示，该型线的曲率变化连续，满足风力发电机组叶片翼型设计的要求。采用参数化造型和贝塞尔曲线相结合的风力发电机组翼型造型方法，充分发挥了参数法使用方便、易于保持速度三角形的优点。

2. 叶片翼型多目标优化设计

翼型设计通常有以下三种方法：基于设计者经验的试验和误差方法、反设计方法和直接优化方法。根据已知理论和试验结果，有经验的设计者能通过改变几

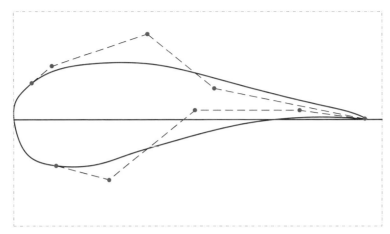

图 2-3　贝塞尔曲线设计出的翼型

何外形以获得需要的设计目标，即基于设计者经验的试验和误差方法，这种方法的优点是在设计过程中的每一步都能获得一个真实的翼型，缺点是该方法费时费力，且极度依赖于设计者的直觉和经验。反设计方法在以前翼型设计中使用最为广泛，前面提到的几种典型风力发电机组专用翼型大多是采用该方法设计的。首先给定希望达到的气动状态(如压力分布)，通过迭代求解几何和流动控制方程，逐步逼近给定的目标值，求得满足要求的翼型参数。该方法的问题是很难给出恰当的目标压强或速度分布，并且难以处理多学科设计问题。直接优化方法是将求解翼型流场的计算流体力学(computational fluid dynamics，CFD)方程与优化方程耦合，通过几何形状的不断修正来寻求目标函数的极值。该方法的主要缺点是高度优化的翼型对表面的微小变化非常敏感，此外由于要进行大量的翼型流场计算，得到收敛解需要较长的计算时间。随着计算能力的提高和新算法的出现，直接优化方法所需的计算时间已经可以接受，多设计目标和多设计状态的优化可有效解决同时满足多种不同要求的设计问题，是实现最优气动设计的有效方法和手段。这里采用的就是直接优化方法。

1)计算流体力学性能计算方法

风力发电机组叶片翼型性能计算的精度取决于网格划分的质量，高质量的网格划分能较好地捕捉到翼型表面边界层的流动情况。图 2-4 为某翼型 C 型结构化网格情况。

低风速风力发电机组叶片翼型优化平台的建立是进行优化设计的关键，主要包括优化数学模型的建立、优化设计变量的选取、目标函数的选取和优化方法的选取等，其技术路线如图 2-5 所示。

2)优化设计变量的选取

优化设计变量的选取直接影响优化设计的效率，为了提高设计效率，需要筛

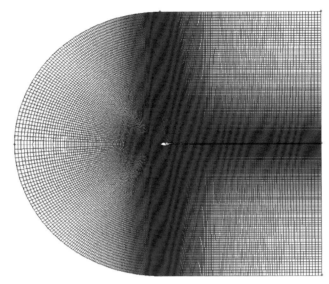

图 2-4 某翼型 C 型结构化网格

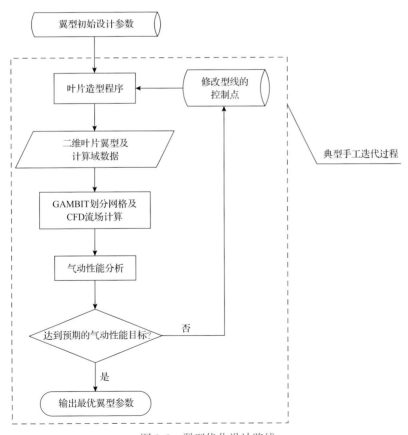

图 2-5 翼型优化设计路线

选出对目标函数敏感度较高的设计变量，这就要用到试验设计技术。

试验设计是一种有计划的设定参数值进行一系列试验的方法，主要功能是对变量的控制，控制条件下有效地操纵或改变自变量，使响应的变化容易观察。

(1)优化设计的目标。

优化设计的目标如下：系统理解，即灵敏度分析，设计变量对系统响应的影响计算；设计改进及优化。可实现的功能：输入对输出响应的影响性大小排列；获取响应对输入变化的灵敏度；确认参数间的交互效应；粗略估计最优设计；为响应面模型构建准备数据库；并行计算。

(2)优化设计的优点。

优化设计的优点如下：更有效地研究设计空间；增强系统研究的计划性；可管理多维设计空间；能有效地选择采样点评估效应；完全可重复。

选用最优拉丁超立方设计技术完成了对低风速风力发电机组叶片翼型设计变量的敏感度分析，最终选取造型特征参数和型线控制点为优化设计变量。

3) 目标函数的选取

对于大兆瓦级水平轴风力发电机组，叶片展向不同位置处的运行特征和性能需求差异较明显。叶片翼型的压力面侧是风能捕获的主要位置，设计点性能参数中的最大升阻比代表了翼型的气动效率，加之叶片表面容易受到环境污染，因此叶片表面粗糙度的敏感性对于功率输出更为重要。对于叶片翼型的吸力面侧，扭角的限制，且翼型的攻角较大，当攻角接近或者大于临界静态失速攻角时，翼型的流动边界层与湍流边界层发生分离流动。雷诺数 Re 变化对边界层流动的影响更加复杂，因此叶片翼型吸力面侧更加关注 Re 的稳定性和失速特征，叶片翼型压力面侧更加关注设计点性能和表面粗糙度的敏感性。由于叶片展向不同位置处的运行特征和性能需求差异明显，该方法对不同截面位置的翼型各性能加以不同权重，然后用加权求和得到的参数来判断翼型的气动性能是否达到设计目标。

在低风速风力发电机组叶片翼型的设计过程中，针对不同位置的翼型选取不同的目标函数组合。每个目标函数都有一个权重来体现它的优先级，一个比例因子来实现平衡化。目标函数的计算公式如下：

$$objective = \sum_i \frac{W_i}{SF_i} \times F_i(x) \tag{2-3}$$

式中，SF_i 为比例因子；W_i 为权重。

4) 优化方法的选取

采用遗传算法、CFD 数值模拟方法，开展多目标、多工况条件下不同厚度、钝尾缘、低噪声、低风速叶片翼型应用设计技术研究，以进一步优化匹配翼型参数，提高叶片气动性能。通过优化软件的集成实现低风速风力发电机组叶片翼型的自动优化设计，进一步完善翼型的气动设计体系。

2.1.2　叶片材料介绍

叶片作为风力发电机组的关键部位，其强度、刚度和质量直接决定了整个风力发电机组的运行状态[1]。这就要求制作叶片必须有合适的工艺和优良的材料，这种材料应具有轻质高强、可设计性、易于加工成型、抗振性好、耐腐蚀和耐候以及维修方便等优点[2]。制备叶片的材料主要包括纤维、树脂、芯材、粘接剂、涂料等，如今叶片多由纤维增强复合材料制备。复合材料的质量约占风力发电机组叶片质量的 90%，其中 60%为纤维织物，25%~30%为树脂，还有少量的聚氯乙烯(polyvinyl chloride，PVC)泡沫或轻木[3,4]。以 600kW 风力发电机为例，每台风力发电机含 3 个叶片，整个风力发电机组叶片合计需要 4t 复合材料。当风力发电机容量达到 5MW 时，叶片长度可达 60m 以上，三个叶片总重可达 50t。本节从风力发电机组叶片所使用的原材料，即纤维增强材料、树脂基体、芯材、粘接剂和涂料进行逐一介绍，探讨未来风力发电机组叶片材料的发展趋势。

1. 纤维增强材料

迄今为止，常用的纤维增强材料包括玻璃纤维、碳纤维以及碳/玻混杂纤维，织物的编制形式包括单轴向、双轴向和多轴向[5]。

1)玻璃纤维

玻璃纤维可分为 E-玻璃纤维(无碱玻璃纤维)、S-玻璃纤维(高强度玻璃纤维)、M-玻璃纤维(高模量玻璃纤维)、D-玻璃纤维(低介电玻璃纤维)、AR-玻璃纤维(耐碱玻璃纤维)和 E-CR 玻璃纤维(耐电腐蚀玻璃纤维)等[6]。其中，E-玻璃纤维由于强度高、价格低、与树脂的融合性好等优点，已经成为目前主流的叶片增强材料，其密度为 2.4~2.7g/cm³。S-玻璃纤维的模量比 E-玻璃纤维高 18%，强度高 33%，由于价格因素并未广泛使用。随着风力发电机组叶片尺寸的不断增加，S-玻璃纤维在风电市场具有极大的应用前景。据统计，采用 S-玻璃纤维制造的叶片与使用E-玻璃纤维相比，叶片主梁和根部的质量可减轻 25%，叶片总质量降低 11%。随着风电行业的需求和 S-玻璃纤维制备成本的下降，S-玻璃纤维在风电领域将会有更为广阔的市场[7]。图 2-6 为不同形式的玻璃纤维示意图。

2)碳纤维

碳纤维是有机纤维在惰性气体中经过高温碳化而成的纤维材料，具有质量轻、强度高、刚度高等优点。碳纤维的密度是玻璃纤维的 70%，强度是玻璃纤维的 1.4倍，模量是玻璃纤维的 3~8 倍，是一种综合性能优良的纤维增强材料[8,9]。目前市场上由于碳纤维价格过高，并未得到广泛使用。随着叶片逐渐向大型化的趋势方向发展，碳纤维将被推广应用。应用场景主要是风力发电机组发电功率大于

2MW、风轮直径大于 44m 的风力发电机组叶片。采用碳纤维和玻璃纤维制造的叶片因素对比见表 2-1。与玻璃纤维增强复合材料风力发电机组叶片相比，碳纤维增强复合材料可使风力发电机组叶片质量降低 30%以上，叶片的空气动力学性能也大幅提高[10,11]。

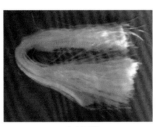

(a) 短切玻璃纤维　　　　　　　(b) 玻璃纤维丝　　　　　　　(c) 玻璃纤维织物

图 2-6　不同形式的玻璃纤维

表 2-1　碳纤维和玻璃纤维增强复合材料风力发电机组叶片因素对比

序号	项目	单位	玻璃纤维	碳纤维
1	价格	元/kg	12	180
2	纤维模量	GPa	72	242
3	纤维密度	g/m²	2.55	1.75
4	复合材料拉伸强度	MPa	850	2100
5	复合材料拉伸模量	GPa	39	132
6	复合材料压缩强度	GPa	500	1100
7	叶片质量	kg	7240	5900

3) 碳/玻混杂纤维

由于碳纤维价格昂贵，目前增强材料多以碳/玻混杂的形式出现，这样既可以减轻叶片质量、提高叶片强度和刚度，又能降低成本，提供高性价比的风力发电机组叶片。例如，3TEX 公司开发了一种碳/玻混杂三维织物，该织物具有高强度、高刚度、与树脂的融合性好、灌注速度快等优点，在叶片制造过程中减少了纤维铺层数，从而缩短了加工时间。采用该碳/玻混杂三维织物制备的风力发电机组叶片的质量比全玻璃纤维的降低了 10%。

迄今为止，玻璃纤维和碳纤维是用于风力发电机组叶片的主要增强材料，其他增强材料还包括芳纶纤维、玄武岩纤维和高分子量聚乙烯纤维等，不同的材料具有不同的物理化学性能，并适用于不同尺寸和性能要求的风力发电机组叶片[12,13]场景。

2. 树脂基体

树脂作为风力发电机组叶片的基体材料，其黏度、固化速率、挥发分等因素都应严格控制，以保证风力发电机组叶片性能的最优化。目前，主要应用于制造风力发电机组叶片的树脂体系包括环氧树脂、聚氨酯、不饱和聚酯树脂等。

1)环氧树脂

环氧树脂是分子中含有两个以上环氧基团的一类聚合物的总称，是一种热固性树脂。环氧基可与含有活泼氢(醇、胺)的化合物发生开环聚合，形成网状大分子。由于风力发电机组叶片制造工艺较为复杂，所用的环氧树脂要求具有如下特性：

(1)黏度低，考虑到真空灌注工艺的操作材料，所用环氧树脂黏度要小于300cP，使得环氧高效充分灌注在纤维增强材料中，构成纤维增强复合材料。

(2)适宜的固化时间和固化放热峰，环氧树脂体系要有适宜的固化速率，以满足生产周期要求。并且还需要具有适宜的固化放热峰，因固化温度过高易引起局部碳化，固化温度过低会引起凝胶时间过长，造成流胶现象。

(3)性价比高，所用的环氧树脂不仅要价格便宜，还要具有较好的力学性能。

制造风力发电机组叶片常用的环氧树脂体系如表2-2和表2-3所示，其中表2-2的环氧树脂适合手糊和真空袋压成型工艺，表2-3的环氧树脂适合树脂传递模塑成型(resin transfer molding，RTM)工艺。

表2-2　适合手糊、真空袋压成型工艺制造风力发电机组叶片的环氧树脂体系

环氧树脂/固化剂	适用期(23℃)/min	凝胶时间(80℃)/min	黏度(25℃)/cP	固化时间(温度)	玻璃化转变温度 T_g/℃	弯曲强度/MPa	弯曲伸长率/%
LY3505/XB3403	600~720	36~48	300~400	4h(60℃)+6h(80℃)	78~83	110~130	10.5~13
LY3505/XB3404	80~100	11~18	550~800	4h(60℃)+6h(80℃)	76~81	125~145	6.5~9.5
LY3505/XB3405	26~36	5~11	1000~1200	4h(60℃)+6h(80℃)	87~92	135~155	7~9
LY1556SP/XB3461	320~360	30~40	800~1100	4h(60℃)+6h(80℃)	80~86	95~110	8.5~10.5
LY1556SP/XB3405	40~50	6~11	1500~1800	4h(60℃)+6h(80℃)	92~98	110~125	9~11
XB3585/XB3403	700~950	40~55	300~500	8h(80℃)	79~85	118~132	10.5~12.5
XB3585/XB3404	100~130	10~20	550~800	8h(80℃)	76~84	128~135	8~9.5
XB3585/XB3405	30~50	4~11	1000~1400	8h(80℃)	77~82	140~155	9~10.5

表 2-3　适合于树脂传递模塑成型工艺制造风力发电机组叶片的环氧树脂体系

环氧树脂/固化剂	适用期(23℃)/min	凝胶时间(80℃)/min	黏度(25℃)/cP	固化时间(温度)	玻璃化转变温度 T_g/℃	弯曲强度/MPa	弯曲伸长率/%
LY1564/XB3485	970~1050	40~50	200~300	8h(80℃)	80~86	120~135	9~10
LY1564/XB3486	560~620	33~43	200~300	8h(80℃)	80~84	118~130	10.5~12.5
LY1564/XB3416	290~340	20~27	200~320	8h(80℃)	80~85	118~130	10~12
LY1564/XB3487	130~160	18~25	220~320	8h(80℃)	81~86	118~130	10~12

2) 聚氨酯

聚氨酯(PU)全称为聚氨基甲酸酯,是由异氰酸酯和多元醇通过加成反应形成的主链含有氨基甲酸酯结构单元的高分子化合物的统称。根据反应单体的不同,聚氨酯可以分为热塑性树脂和热固性树脂。聚氨酯具有优良的力学性能、热稳定性和使用耐久性。采用聚氨酯作为灌注树脂可以弥补环氧树脂在低温或极端条件下出现的韧性差、容易开裂、低温性能差等缺点。例如,美国凯斯西储大学玛希尔·洛斯采用碳纳米管增强聚氨酯复合材料制备了风力发电机组叶片,这种材料制备的叶片力学性能要优于玻璃钢-环氧体系制备的叶片,其抗张强度是碳纤维的5倍和铝的60倍,同时其质量要轻于碳纤维和铝材料。在抗疲劳测试中,其使用寿命比玻璃纤维增强环氧树脂长8倍。因此,碳纳米管增强聚氨酯叶片具有优异的综合性能,特别适用于制备高功率、耐低温抗寒型的叶片。然而,由于科研和技术水平的限制,聚氨酯叶片大部分还处于试验和中试阶段,并未被广泛应用。

3) 不饱和聚酯树脂

不饱和聚酯树脂是由饱和二元酸、不饱和二元酸和二元醇缩聚而成的线性聚合物,是一种热固性树脂。不饱和聚酯树脂化学性质活泼,分子主链上含有聚酯基团和不饱和双键,具有优异的加工成型性和力学性能。目前常见的不饱和聚酯树脂包括邻苯二甲酸型(简称邻苯型)、间苯二甲酸型(简称间苯型)、双酚A型、乙烯基酯型、卤代型等。近年来,Cylics 公司开发出一种热塑性 CBT 树脂(环状聚对苯二甲酸丁二醇酯),CBT 树脂是由 PBT(聚对苯二甲酸丁二醇酯)树脂解聚而成的环状低聚物,性能与 PBT 类似。CBT 树脂一方面具有热固性树脂的加工特性,另一方面又具有热固性树脂的可重复加工性。CBT 树脂室温下呈固态,由于它聚合度低,在熔化后黏度低,呈现像水一样的流动液体状态,渗透性和填充性非常好。在高温条件下,CBT 树脂会发生聚合反应,形成高分子量的 PBT 树脂。未聚合反应的 CBT 树脂和聚合后的 CBT 树脂性能指标分别见表 2-4 和表 2-5。热塑性 CBT 树脂有着与热固性树脂类似的特性,适合于制造风力发电机组叶片纤维增强材料。此外,CBT 系列热塑性复合材料还具有质量轻、价格低廉、力学性能好和生产周期短等优点。

表 2-4　未聚合反应的 CBT 树脂物理性能

项目	测试标准	CBT100	CBT200
固体热容/(J/(kg·K))	ASTM E1269	1.25	1.25
液态热容(180℃)/(J/(kg·K))	ASTM E1269	1.96	1.96
融熔热/(J/g)	ASTM E793	64	64
熔点/℃	—	180	165
密度/(g/cm³)	—	1.14	1.14
熔体黏度(180℃)/(mPa·s)	锥板黏度计	33	28
熔体黏度(200℃)/(mPa·s)	锥板黏度计	18	17

表 2-5　聚合后的 CBT 树脂物理性能

项目	测试标准	CBT100 和 CBT200
拉伸强度/MPa	ISO 527	54
屈服形变/%	ISO 527	3.2
断裂伸长率(5mm/min)/%	ISO 527	>50
拉伸模量/MPa	ISO 527	2700
弯曲模量/MPa	ISO 178	2380
弯曲强度/MPa	ISO 178	74
密度/(g/cm³)	ASTM D792	1.31
熔点/℃	ASTM D3418	225

3. 芯材

芯材是风力发电机组叶片的关键材料之一，芯材与玻璃钢共同构成泡沫夹芯材料，用于风力发电机组叶片的前缘、尾缘及腹板等部位。芯材的主要作用是降低叶片质量，使叶片在满足刚度的同时增大吸收风能的面积，提高整个叶片的抗载荷能力。迄今为止，常用的芯材包括：天然的热带美洲轻木，以及合成的聚合物泡沫芯材——PVC、聚苯乙烯(polystyrene，PS)、苯乙烯-丙烯腈(styrene acrylonitrile，SAN)、聚甲基丙烯酰亚胺(polymethacrylimide，PMI)、聚对苯二甲酸乙二醇酯(polyethylene terephthalate，PET)等。不同芯材的物理化学性能如表 2-6 所示，设计叶片时要综合考虑芯材的物理化学性能以获得最佳的叶片性能[14]。

轻木是一种天然产品，属于环境友好型材料，一般用于长度小于 40m 的风力发电机组叶片芯材。轻木属于木棉科，容易吸水，在使用过程中要注意防潮。聚合物泡沫芯材属于人工合成的高分子材料，包括热塑性泡沫(PET、PS)和热固性

表 2-6 不同芯材的物理化学性能

项目	轻木	PVC	SAN	PMI	PET	PS
属性	天然产品	热固性	热固性	热固性	热塑性	热塑性
密度/(kg/m³)	100~250	60	71~94	60	80~135	40~50
压缩强度/MPa	5.4~21.9	>0.65	0.92~1.59	1.0~2.5	0.96~2.17	0.75
剪切强度/MPa	1.6~4.5	>0.6	0.81~1.20	1.6~3.0	0.53~1.19	0.55
耐受温度/℃	<120	<80	<120	<190	<150	<80

泡沫(PVC、SAN、PMI)。热塑性泡沫可以再回收利用,其中 PET 泡沫密度较大、耐热性好,PS 泡沫密度低、耐热性稍差。热固性泡沫包括 PVC 泡沫、SAN 泡沫和 PMI 泡沫,三者密度相近。热塑性泡沫属于一次成型,不可回收利用。目前,PVC 是风电市场的主要芯材之一,其密度约为 60kg/m³,使用温度为–240~80℃。PMI 泡沫由甲基丙烯酸/甲基丙烯腈共聚板加热发泡制备,具有比强度和耐疲劳性高、热变形温度高、成型加工性好等优点。SAN 泡沫为丙烯腈和苯乙烯的共聚体,与 PVC 泡沫相比,PAN 泡沫具有更好的耐高温性、力学性能和优异的韧性[15]。

4. 粘接剂

粘接剂是制造风力发电机组叶片的重要结构材料,主要作用是将叶片壳体与芯材,以及叶片上下壳体相互粘接,合膜固化后形成整体叶片。随着叶片逐渐向大型化趋势的方向发展,单个叶片的质量可达 5t,长度达 80m,也对合膜结构胶提出了更为严格的要求。粘接剂是整个风力发电机组叶片材料体系中风险最高的原材料,其固化后的性能会直接影响叶片的后期运行服役。因此,叶片粘接剂应具有较高的强度和韧性、优异的可操作性、良好的浸润性和缝隙填充能力、优异的耐疲劳性和耐老化性、低固化收缩率等特性。目前,市场上主流的叶片粘接剂包括环氧类粘接剂、聚氨酯类粘接剂、乙烯酯类粘接剂以及丙烯酸类粘接剂等[16]。

环氧树脂具有优异的力学性能、热稳定性、良好的耐腐蚀性、耐低温收缩性和易加工性,是叶片使用最多的一类结构胶。

乙烯基树脂兼有不饱和聚酯和环氧树脂的特点,具有黏度低、可操作性强、常温固化、粘接性强、收缩率低等优点,主要用于兆瓦级以下的小型叶片。聚氨酯类粘接剂具有优异的低温加工性、韧性和表面附着力。丙烯酸类粘接剂具有固化效率高、黏性强、韧性好、适用材料广等优点,但是丙烯酸类粘接剂还具有气味大、刚性弱、成型性差以及放热量大等缺点。丙烯酸类粘接剂在风电领域的规模化应用还有待进一步的技术改进[17,18]。

迄今为止,我国的风力发电机组叶片胶主要依赖于进口品牌,随着技术的进步革新,国内公司推出的风电结构胶的产品性能也可与国外品牌媲美。随着世界风电行业的迅猛发展，每生产一个叶片需要 50～300kg 粘接剂，也为粘接剂厂商提供了巨大的商机。

5. 涂料

风力发电机组叶片在运行过程中要经受紫外线、风沙、盐雾、雨蚀和紫外线等侵蚀，要求叶片表面所用的材料应具有良好的耐磨性和弹性，以抵抗沙粒、雨水、盐雾的冲击。涂料作为叶片的最外保护层，对防止叶片磨损、老化起着极为重要的作用，涂料的选择应满足与叶片材料的附着力强、具有优异的化学稳定性和使用耐久性等要求。依据溶剂体系不同，可将市场上的涂料分为溶剂型涂料和水溶性涂料。溶剂型涂料气味大，漆膜性能稳定，具有优异的耐磨性、防腐蚀性，因此在风电市场中占据了主导地位。水溶性涂料气味小，施工过程更加环保，更加符合风力发电"绿色能源"这一概念。由于水的汽化温度较高，使用水溶性涂料对环境温度和湿度的要求更高，因此现阶段风电行业仍以溶剂型涂料为主导。随着新材料的开发和水溶性涂料的不断进步，未来的风力发电机组叶片涂料将向绿色环保和可持续发展的方向迈进[19]。

随着科技的进步和环保意识的日益增强，风力发电机组叶片逐渐向大型化、轻量化、低成本和可回收的方向发展。因此，需要开发轻质高强的纤维增强材料，热塑性树脂和水溶性涂料增强了风力发电机组叶片生产过程的环境友好性。此外，我国的复合材料风力发电机组叶片制造技术与国外相比尚存在差距，这需要风电企业与复合材料制造开发企业相结合，不断开发新型风电复合材料，降低材料价格，提高国产化率，共同促进我国风力发电机组叶片性能的提升。

2.1.3　叶片气动设计

低风速风力发电机组叶片的气动外形设计是叶片设计的基础，其决定了风能转换的效率。风力发电机组转换风能的基本原理在于空气流过叶片产生升力，叶片翼型的优化以及气动外形的设计在风力发电机组制造过程中占有相当重要的地位[20]。

本节以动量叶素理论为基础，结合各种修正模型进行水平轴风力发电机组叶片的气动特性分析及外形设计。

1. 气动特性分析

风力发电机组叶片气动特性分析方面，以动量叶素理论为基础，利用 Fortran 语言编写了相关程序进行计算。在给定风力发电机组叶片几何外形及翼型气动参数的基础上，计算某一个来流风速条件下叶片各截面的轴向推力、转矩、功率，在此基础上，沿着叶片展向积分计算整个风轮的轴向推力、转矩、气动功率及其系数，利用计算结果可以得到载荷沿叶片展长的分布；另外，计算过程中考虑了叶尖轮毂损失、叶片三维失速修正、轴向诱导因子修正等修正方法，从而使计算所得的结果更为准确。图 2-7 为翼型上的角度分布示意情况。

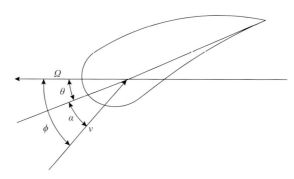

图 2-7　翼型上的角度分布示意图
α. 攻角；θ. 桨距角；ϕ. 来流角

2. 输入及输出参数

输入参数是程序运行时需要输入的已知参数，正确给出输入参数是得到准确结果的必要条件。输出参数是编写程序进行计算的目标值，输出参数的精确与否与输入参数息息相关。

1）输入参数

采用程序进行叶片气动外形设计时认为下列输入参数已知，主要有叶片根部圆柱段长度、需要计算的叶片截面数目、不同叶片截面翼型的参数和个数及其气动特性、轮毂直径控制截面零升力攻角及其展向位置、叶片数目、叶片各截面弦长及展向位置、偏航角、叶片各截面扭角及其展向位置、俯仰角，若考虑风剪切效应，则也要输入塔架高度、锥角度、风速廓线指数、桨距角。

2）输出参数

输出参数包括风轮轴向推力、转矩、功率以及叶片各截面不同方向的载荷。

3. 计算步骤

对于气动特性分析部分，程序所采用的主要数学公式、修正方法和计算步骤如下：

（1）按照前面所述输入需要的参数。

（2）假设轴向诱导因子、周向诱导因子的初值分别为 0.0、0.0，对于叶片每个截面，从根部到顶部依次进行（3）～（9）的计算。

(3) 计算来流角 ϕ (图 2-7):

$$\phi = \arctan\left(\frac{1-a}{1+b}\frac{1}{\lambda_r}\right), \quad \lambda_r = \frac{r}{R}\lambda = \frac{\Omega r}{v} \tag{2-4}$$

式中，a 为轴向诱导因子；b 为周向诱导因子；Ω 为风力机转动的角速度；v 为无限远处的自然风速；λ_r 为任意半径上的周速比；R 为风轮半径；r 为任意半径。

(4) 计算法向力系数和切向力系数：

$$\begin{cases} C_n = C_l\cos\phi + C_d\sin\phi \\ C_t = C_l\sin\phi - C_d\cos\phi \end{cases} \tag{2-5}$$

式中，C_n 为法向力系数；C_t 为切向力系数；C_l 为升力系数；C_d 为阻力系数。

(5) 计算叶尖和轮毂损失：

$$F_t = \frac{2}{\pi}\arccos e^{-f}, \quad f = \frac{B}{2}\frac{R-r}{R\sin\phi}$$

$$F_h = \frac{2}{\pi}\arccos e^{-f}, \quad f = \frac{B}{2}\frac{r-r_{\text{hub}}}{r_{\text{hub}}\sin\phi} \tag{2-6}$$

$$F_s = F_t F_h$$

式中，F_t 为普朗特叶尖损失因子；F_h 为轮毂损失因子；F_s 为总的损失因子；B 为叶片个数。

(6) 计算轴向诱导因子。当 $0 \leqslant a \leqslant 0.38$ 时，有

$$a = \frac{Bc(i)C_n}{8\pi rF\sin^2\phi + Bc(i)C_n} \tag{2-7}$$

当 $a > 0.38$ 时，有

$$a = \frac{18F - 20 - 3\sqrt{C_T(50-36F) + 12F(3F-4)}}{36F - 50} \tag{2-8}$$

式中，C_T 为轴向推力系数；F 为叶尖轮毂损失；$c(i)$ 为翼型截面弦长。

(7) 计算周向诱导因子：

$$b = \frac{Bc(i)C_t}{8\pi rF\sin\phi\cos\phi - Bc(i)C_t} \tag{2-9}$$

(8) 如果轴向诱导因子 a 的初值与步骤 (6) 计算得到的 a 差值精度小于 0.001，

轴向诱导因子 b 的初值与步骤(7)计算得到的 b 差值精度小于 0.001，则进行步骤(9)，否则将最新计算得到的 a、b 代入，进而重复步骤(3)~(8)的计算，直到满足精度条件，再进行步骤(9)。迭代求解轴向诱导因子 a 和周向诱导因子 b，流程如图 2-8 所示，图中省略号表示计算过程有所省略。

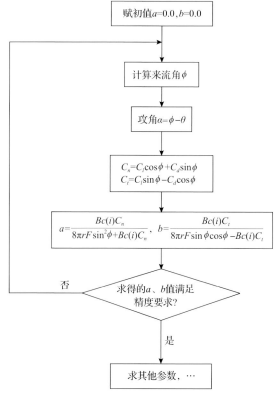

图 2-8　迭代求解轴向、周向诱导因子流程图

(9)计算轴向推力、转矩和功率：

$$\begin{cases} \mathrm{d}T = 4\pi\rho V_1 a(1-a)rF\mathrm{d}r \\ \mathrm{d}M = 4\pi\rho V_1 \Omega b(1-a)r^3 F\mathrm{d}r \\ \mathrm{d}P = \Omega\mathrm{d}M \end{cases} \tag{2-10}$$

式中，T 为轴向推力；M 为转矩；P 为功率；V_1 为轴向风速分量。

(10)沿展向对式(2-10)进行积分，获得叶片总的推力、转矩和功率后计算其系数：

$$
\begin{cases}
C_T = \dfrac{T}{\dfrac{1}{2}\rho\pi R^2 V^2} \\[4mm]
C_M = \dfrac{M}{\dfrac{1}{2}\rho\pi R^3 V^2} \\[4mm]
C_P = C_M \lambda
\end{cases}
\tag{2-11}
$$

式中，C_T 为推力系数；C_M 为转矩系数；C_P 为功率系数；λ 为叶尖速比。

2.1.4 叶片结构设计

1. 叶片结构设计基础

叶片结构设计的目标是保证叶片在运行过程中能最有效地实现其功能，即在叶片运行全寿命周期所付出的代价最小，包括直接材料成本、间接材料成本、人工成本、管理成本、维护成本等。其中直接材料成本是叶片结构设计的主要成本。

叶片的结构设计一般分为构件设计和构型设计。在复杂的工况下，根据叶片在环境中的特殊受力情况，结构设计需既满足叶片强度、刚度等力学性能要求，又要方便叶片制造工艺的可操作性。如图 2-9 所示，叶片的结构设计需要考虑翼型形状、构型设计、载荷特性以及受力形式[21]。

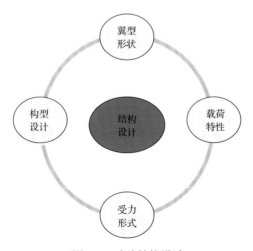

图 2-9 叶片结构设计

对于叶片的每个翼型截面，分别对其气动面和工作面进行曲线拟合，根据结构形式进行翼型截面分块，如图 2-10 所示。其中 1、5 分别为翼型前缘和尾缘，主梁根据腹板左、中、右位置分为 2、3、4 三部分，两个腹板和后缘辅梁各单独为一块。

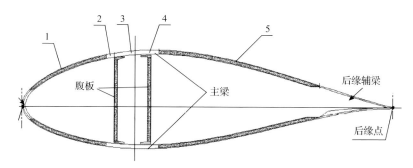

图 2-10　叶片典型翼型截面结构分块示意图

载荷特性是叶片结构设计的依据，载荷分析的目的是通过合理的评估和计算方法，为结构设计提供相对完整的设计载荷数据。叶片的重力载荷产生叶片摆振方向的弯曲力矩，对于变桨控制风力发电机，重力载荷会产生挥舞方向的弯曲力矩。由于叶片的旋转，重力载荷效应周期性改变弯曲力矩，叶片直径越大，重力载荷效应越强。叶片结构部件的安全性是叶片在极限状态下要解决的问题，其设计是基于叶片极限包络载荷下的各个工况极限载荷，每一组极限载荷均基于叶片截面挥舞摆振坐标系的三向力和三向力矩[22,23]。

叶片的受力形式包括挥舞弯矩与剪力、摆阵弯矩与剪力、转矩和离心力的共同作用。风力发电机组叶片应当确定合理的结构以防止在实际工况下的失稳和变形。叶片结构需要对质量分布、扭转刚度、摆阵刚度等进行合理设计。叶片结构设计有严格的流程，根据叶片外形、材料性能、作用载荷进行铺层设计，然后进行强度、刚度校核，具体流程如图 2-11 所示。

2. 叶片构件设计

叶片的构件一般分为层合板结构、夹芯结构、连接结构。各个构件的结构形式要满足强度、刚度、损伤容限与维修性设计的基本要求。

1）主梁设计

主梁是叶片的主要承力构件，承载叶片大部分的弯曲载荷，其良好的强度和刚度特性是叶片结构的主要设计指标。主梁质量约占叶片质量的 21%，表面积约占叶片表面积的 12%，因此主梁在结构和功能方面均发挥着重要的作用。鉴于主梁对强度和刚度的性能要求，应选用比强度高或者比刚度高的材料，如玻璃纤维、碳纤维等，构型为多层单向铺层叠加组成的层合板结构。具体的主梁构件分类如表 2-7 所示。

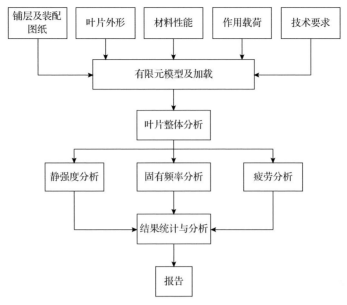

图 2-11 叶片典型结构分析流程图

表 2-7 主梁构件分类方式

分类方式	A	B	C	D
按材料分类	玻璃纤维	碳纤维	竹层积材	其他
按成型工艺分类	一体成型	主梁预制成型	主梁、叶片整体预制	其他
按错层分类	等宽平行四边形	等宽矩形	梯形	其他
按主梁构成分类	单工字梁	双工字梁	—	其他
按主梁及前缘、腹板空腔形状分类	D 型梁	O 型梁	箱型梁	其他

叶片主梁在设计时应确保以下几个方面的特征:

(1)能够承受挥舞弯矩的作用,保证叶片梁帽强度特性;

(2)保证挥舞方向的刚度特性,避免叶尖挠度过大而与塔架发生接触;

(3)影响叶片挥舞一阶固有频率,避免与激振力共振。

基于叶片展向不同位置,主梁的铺设厚度存在一定差别,根据结构设计确定主梁铺设厚度,再通过校核其强度、刚度、疲劳等特性来判断是否满足要求。主梁设计确定后明确主梁的铺层分布形式,同时确定主梁的安全系数。因此,在主梁设计中首先需要确定主梁的构型并估算主梁尺寸,其次对主梁进行强度校核,并调整优化主梁尺寸,最后评估主梁的特性。后续在主梁的工艺设计中要保证铺层时错层的合理性。

2)腹板设计

腹板在风力发电机组叶片中支撑起主梁和整个蒙皮外壳,通过由蒙皮产生的剪力从叶尖传递至叶根,同时叶片转矩由腹板与外壳形成的多闭室承担。腹板结构为夹芯结构,屈曲分析为主要的分析内容。叶片的腹板与缘条支撑起整个主梁和蒙皮外壳,如图2-12所示。腹板与主梁组成近似于工字梁的主承力构件。腹板在叶片弦向和展向的布局将影响叶片整体闭室传递剪力和抗扭转力以及叶片的整体屈曲能力。

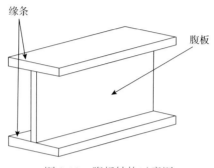

图2-12　腹板结构示意图

腹板具有多种构型,叶片使用的腹板基本以双腹板、预制腹板与缘条、PVC芯材腹板及柔性缘条、开弧形口且带翻边的为主要设计类型,随着叶片长度逐渐增加,三腹板有逐渐取代双腹板的趋势。腹板是夹芯结构,腹板的铺层包括夹芯结构内外玻璃纤维层厚度与芯材厚度,芯材通常为泡沫,且腹板为传剪构件,因而玻璃纤维应选用双轴织物。同时夹芯结构需满足强度和抗屈曲特性。沿叶片的展向,腹板的铺层层数先增大后减小,中间段铺层最厚。

3)蒙皮设计

叶片的蒙皮是主要的承剪力件,蒙皮铺设时应铺满整个叶片上下模具,确保其与模具紧密贴合,以保证必要的气动外形,蒙皮构型如图2-13所示。

蒙皮一般选择双轴织物或三轴织物,叶片的气动外形存在一定曲率,在工艺制造中,玻璃纤维织物的随形性较为一般,将织物分成若干段等幅宽的条状,按照弦向搭接工艺将其铺设完成,沿蒙皮面,从叶根到叶尖彻底抚平蒙皮层,不允许有折痕和褶皱。

4)芯材结构设计

芯材重量较轻,具有较大的弯曲刚度和强度,叶片的壳体局部和腹板均采用夹芯结构。芯材的使用可以有效促进叶片结构的轻量化。芯材结构设计包括芯材铺设设计、芯材倒角设计、芯材套料图等。

芯材的铺设设计主要根据主梁和前缘、尾缘的铺层形式来确定芯材结构的厚

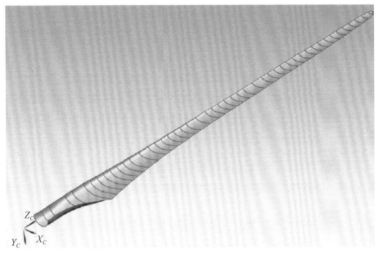

图 2-13　蒙皮构型

度和铺设范围，应确保铺设芯材能够满足叶片整体的强度和抗屈曲要求以及尽量优化芯材的重量。

由于叶片主梁、后缘沿叶片展向及弦向的厚度、铺设范围不连续，叶片的夹芯结构的芯材沿展向及弦向存在厚度变化，因此叶片的壳体需要进行倒角设计，以保证叶片铺层的厚度不发生突变。此外，芯材的套料图用于确定芯材的铺设范围和铺设面积，并明确铺层厚度和倒角设计。

5）叶根设计

叶片运行时叶根承受了较大的载荷作用，需要增铺叶根加强层，根据受力特性，需要加铺三轴布织物。一般而言，叶根加强层结束段的倒角为 45°，梁宽与叶片主梁铺层的宽度基本相当。叶片通过螺栓与变桨轴连接，再通过螺栓连接变桨轴和轮毂。叶根处的连接方式有两种：后打孔 T 型螺栓设计和螺栓预埋设计。

在叶片设计时，将叶片根部设计成一个整体，之后再整体打孔，采用 T 型螺栓连接方式。通过有限元分析，模拟叶片在极限载荷下的受力状态，评估叶片设计要求及安全系数。螺栓预埋设计，采用嵌入式连接方式，首先将螺栓套预埋在根部，螺栓套的设计截面为圆形，与周围的蒙皮材料接触面积小。由于很难通过有限元分析出受力情况，因此在采用螺栓预埋之前需进行部件试验，再依据试验值进行叶根处的结构设计。

3. 叶片结构分析与设计方法

叶片结构应满足一系列极限状态下的设计原则，充分验证叶片的结构承载能力。叶片的结构校核应包括以下几个方面：强度分析、稳定性分析、变形分析、动力学特性分析、胶接分析、层间分析以及疲劳分析等。叶片强度通常通过静强度分析和疲劳分析来验证[24-26]。

　　叶片结构校核方法分为四类，即一维方法、二维方法、三维方法和试验方法，详见表 2-8。不同的方法计算时间、精度以及校核范围均有差异。一维方法是将叶片简化为单梁式的工字结构，计算简单便捷。二维方法主要为薄壁翼型结构校核方法和二维等截面有限元校核，目的是快速给出满足技术要求的铺层形式。三维方法是将叶片分割成上千个细小单元，计算每个局部的受力和力传递情况，包括创建有限元模型、施加载荷及边界条件、求解分析及查看结果。

表 2-8   叶片结构校核方法

	校核方法	理论	细节
一维	一维工程算法	工字梁	正应力、挠度
二维	二维工程算法	薄壁构件结构力学 等截面 FEM	强度、挠度、振动
	二维 FEM 壳模型		等截面、圣维南原理、材料各向异性
	二维 FEM 体模型		泊松比效应
三维	三维 FEM 壳模型	等截面 FEM	变截面、超单元
	三维 FEM 体模型		后缘局部拓扑优化
	混合模型		体单元和壳单元混合
试验	基于梁理论的试验方法	—	强度、挠度和扭角
	基于壳理论的试验方法	—	表面应变片
	基于体理论的试验方法	—	云图、预埋、强度和变形

注：FEM 指有限元法。

1）静强度分析

　　叶片的静强度校核包括整体强度校核、刚度校核及挠度校核。整体强度校核应用不同的失效判断准则判定纤维失效和树脂失效；刚度校核包括挥舞刚度校核、摆阵刚度校核以及扭转刚度校核，同时需要计算叶片在极限载荷下的叶尖挠度。结合不同的叶片设计标准，考虑载荷的安全系数、材料安全系数，验证强度和挠度的冗余。

　　叶片在受到极限载荷时会发生柔性变形，为避免叶尖与塔筒碰撞，需进行挠度分析。挠度分析是风力发电机典型的刚度模型，包括轮毂、变桨轴承及其他组件等。良好的刚度特性不但可以降低叶片的挠度，而且可以有效控制叶片的气弹响应。图 2-14 给出了叶片的刚度分布，随着叶片半径的增加，挥舞刚度、摆振刚度及扭转刚度逐渐减小。在叶根处的刚度最大，叶尖处的各项刚度值均达到最小。在极限载荷工况下，叶片挠度计算采用载荷特征值，刚度性能取材料刚度平均值。

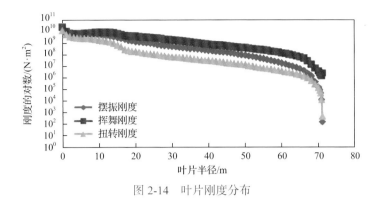

图 2-14 叶片刚度分布

2) 稳定性分析

随着叶片长度的增加，腹板和前、尾缘间出现大面积的不受支撑的面板，这对叶片的稳定运行产生很大的影响，因此有必要对叶片进行抗屈曲能力分析以及考虑腹板的抗屈曲能力分析。屈曲分析主要用于研究结构在特定载荷下的稳定性，以及确定结构失稳的临界载荷，要求叶片的极限载荷低于临界载荷，包括线性屈曲分析和非线性屈曲分析。叶片的长度越大，屈曲能力分析越为重要。叶片主承力结构在承受极限设计载荷下不能发生屈曲，在屈曲分析时，要注意边界条件的设定。目前国内外较少用到整体结构的非线性屈曲分析模型，一般采用线弹性分析中局部二次稳定性分析方法，即在对叶片总体模型进行线性静力学分析的基础上，选择相关局部结构及边界条件，建立局部模型并进行非线性屈曲能力分析。

3) 变形分析

叶片运行时，应计算叶尖挠度。在无载条件下，叶尖和塔筒之间的距离为净空，净空的计算基于几何公差、特征刚度、叶片支撑，同时考虑阻尼的影响。当采用静态方式计算变形时，最小间隙不小于叶片在自由状态下与机组零件间隙的40%；在所有静止工况下，最小间隙不小于叶片在自由状态下与机组零件间隙的5%。当采用动态或气弹方式计算变形时，叶片在所有工况下最小间隙不小于叶片在自由状态下与机组零件间隙的30%。

4) 动力学特性分析

为了避免运行过程中的共振影响，应对叶片在允许和静止时的一阶挥舞和摆振方向的固有频率进行计算，同时考虑轮毂和变桨轴承的影响。目前，由于叶片的设计越来越长，应对叶片挥舞和摆振方向的二阶频率和一阶扭转频率进行设计分析。当叶片的低阶固有频率在工作转速范围内与激振频率相交时，叶片就会发生激烈共振，这种现象是一定要避免的。

5) 胶接分析

叶片胶接分析中，需考虑胶接表面和缺陷处的应力集中问题。胶接设计应尽量避免剥离力矩/力。胶接设计从强度考虑应选择合理的连接形式，使胶层在最大强度方向受剪力。尽量减小应力集中，力求避免层合板层间发生剥离。当承受动载荷时，应选择低模量韧性粘接剂。总之，胶接的设计是为了使胶接强度高于或接近于被胶接件，防止出现拉伸破坏、层间剪切破坏以及剥离破坏等。

胶接的形式主要有单搭接、双搭接、斜面搭接和梯形搭接。胶接件的薄厚决定了胶接形式，在给定胶接件厚度、胶层厚度、搭接长度后可决定胶接形式。另外，层合板的待胶接表面纤维方向需与载荷方向一致，不得与载荷方向垂直，避免产生层间剥离破坏。胶接结构应使胶层在剪切状态下工作，避免胶层受到拉力和剥离力。根据标准要求，粘接剂的拉伸搭接-剪切强度最小为 12MPa。

6）层间分析

叶片层间分析主要是分析梁结构层合板层间变形及胶接部位的胶层变形。引起层间断裂的原因有很多，包括制造中的缺陷、外部冲击载荷以及高度应力集中等。无论是单调静态加载还是循环疲劳加载，层间开裂会显著降低复合材料构件的强度。

断裂力学分析中，应力强度因子 K、路径无关积分 J 和应变能释放率 G 是三个重要的参数：K 描述了弹性裂纹尖端应力场的强弱，依赖于断裂前端的局部应力场；J 和 G 为基于能量的参数。

7）疲劳分析

叶片的疲劳分析是测试叶片在挥舞弯矩和摆振弯矩下的疲劳性能。目前的疲劳试验一般都采取共振法激励。激振的方式主要有电机偏心块式和液压作动筒式，目的都是激起叶片挥舞或摆振方向的共振，来达到振动加载的目的。

影响疲劳强度的因素一般分为三类：影响局部应力大小的载荷特性、影响材料的微观特性（材料种类、热处理状态、机械加工等），以及影响疲劳损伤源的因素。循环载荷用于确定最大应力、最小应力、应力幅值和应力均值。在疲劳寿命测试中，根据对叶片的结构产生破坏的循环载荷次数或时间，有二阶、三阶以及多阶疲劳寿命模型。为了评估疲劳寿命，需要建立外载荷与寿命之间的关系，即应力幅值 σ 和疲劳寿命 N 之间的关系，称为 σ-N 曲线。

叶片的疲劳校核是为了分析叶片在设计年限 20 年内是否发生疲劳破坏，首先通过有限元法得到所有危险点的转换矩阵，根据载荷计算得到各个载荷工况下的载荷时间历程，经过处理得到所有危险点的等效应力，通过雨流计数法，按照 Miner 线性疲劳累积损伤理论计算所有危险点的疲劳损伤[27-29]。

2.1.5 叶片工艺设计

1. 叶片成型工艺

现有的叶片成型工艺一般是先在各专用模具上分别成型叶片蒙皮、主梁及其他部件，然后在主模具上把两个蒙皮、主梁及其他部件胶接组装在一起，合模加压固化后制成整体叶片。

纤维增强材料叶片的成型工艺大致有八种：①手糊工艺；②树脂传递模塑；③纤维缠绕工艺；④真空灌注工艺；⑤树脂浸渍模塑工艺(scamann composites resin infusion manufacturing process，SCRIMP)；⑥纤维铺放工艺；⑦木纤维环氧饱和工艺；⑧模压工艺。下面介绍几种主要的叶片成型工艺。

1) 手糊工艺

传统的叶片成型工艺多用手工铺糊，又称湿法成型。在手糊工艺中，将纤维基材铺设放在单模中，然后用滚或毛刷涂覆玻璃布和树脂，常温固化后脱膜。该法以手工劳动为主，简便易行，成本低，可用于低成本制造大型、形状复杂制品，但效率低，质量不稳定，工作环境差，多用于中小型叶片的成型。干法成型(即预浸料成型)属新兴技术，纤维先制成预浸料，现场铺放，加温(或常温)加压固化。其生产效率高，现场工作环境好。应特别指出的是，当叶片用到碳纤维时，多用预浸料成型。

2) 树脂传递模塑

最新发展的叶片成型方法是树脂传递模塑，即先将纤维预成型体置于模腔中，然后注入树脂，加温成型。树脂传递模塑成型是目前世界上公认的低成本制造方法，发展迅速，应用广泛。树脂传递模塑成型包括多种衍生方法，生产大型叶片常采用真空辅助树脂转移成型(vacuum-assisted resin transfer molding，VARTM)法和 SCRIMP 法。

VARTM 法是最近几年发展起来的一种改进的树脂传递模塑成型工艺。真空辅助灌注技术是应用真空，借助于铺在结构层表面的高渗透率的介质引导，将树脂注入结构铺层中的一种工艺技术，多用于成型形状复杂的大型厚壁制品，国外在成型大型玻璃钢产品中有所应用。

3) 纤维缠绕工艺

纤维缠绕工艺主要是借鉴了复合材料管道的缠绕成型工艺，较其他复合材料成型工艺，具有制品强度高、质量稳定、可重复性好等优点。纤维缠绕工艺制备主要涉及纤维张力控制、缠绕速率和缠绕角等的控制。这种成型工艺还在试验之中，由于叶片是典型的非回转体构件，采用这种方法不但成本高，而且线性设计复杂，其工艺有待于进一步发展。

4) 真空灌注工艺

真空灌注工艺是将纤维增强材料直接铺设在模具上，浇灌在纤维增强材料上铺设一层剥离层(脱模布)，剥离层通常是一层很薄的低孔隙率、低渗透率的纤维织物，层上铺放高渗透介质(导流网)，然后用真空薄膜包覆及密封，真空泵抽气至负压状态。树脂通过注胶管进入整个体系，导流网使树脂均匀分布到铺层的每一个角落，固化后撕除剥离层，从而得到密实度高、含胶量高的结构铺层。

2. 叶片制作工艺流程

这里简单介绍叶片的制作工艺，如图 2-15 所示，并将主要工艺进行分解、详细描述。

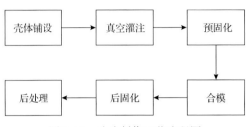

图 2-15　叶片制作工艺流程图

1) 壳体铺设

(1) 模具准备：清理模具、贴好密封胶条。在密封胶条所有区域擦涂一遍脱模剂，保温一段时间后在模具前后缘位置布置脱模布，最后在阴模表面整体均匀涂刷叶片胶衣。

(2) 纤维布铺设：包括外蒙皮及加强层的铺设、大梁的预埋、夹芯材料的铺设、后缘单向布的铺设、加强层及内蒙皮的铺设。

(3) 辅材铺设：包括脱模布的铺设、隔离膜的铺设、导流网的铺设、溢流管的铺设、虚拟接入点单元的布置、真空袋膜的粘贴。

2) 真空灌注

真空灌注工艺是影响壳体质量的关键一步，大体流程如下：

(1) 灌注前准备。连接好真空系统后，进行气密性检查，气密性合格后才能进行真空灌注。

(2) 注胶。控制胶液温度，注胶时将注胶口放入胶液下，进胶时防止空气进入，注胶顺序按照注胶布置图进行。当进胶量与设计用量一致时，认为注胶基本结束，终止进胶。

3) 预固化

注胶完成后利用模具内设加温程序进行树脂升温预固化，如图 2-16 所示。此过程需有专人值守，发现漏点或其他情况时及时处理。

4) 合模

合模工艺的大体流程如图 2-17 所示。

(1) 去除辅材：叶片预固化工艺完成后，将辅材去除。

(2) 合模前准备：叶片合模前，由于纤维布的铺放有一定的余量，造成纤维布在法兰边上会有一定厚度的玻璃钢层，特别是在叶片根部，玻璃钢层的厚度可能

图 2-16　预固化

图 2-17　合模工艺流程图

达十几毫米，会影响正常的合模。因此，在合模前应将该区域的玻璃钢层进行切割打磨。

(3)抗剪切腹板的定位：用简易支撑调整抗剪切腹板的垂直度，使其垂直于水平面；应特别检查抗剪切腹板与压力面壳体的粘接区域是否在压力面大梁的中心位置，若不在应及时使用支撑调整抗剪切腹板的位置，如图 2-18 所示。

图 2-18　抗剪切腹板的定位

(4)配重盒的定位：使用玻璃纤维布制作配重盒，通常粘接固定在叶片的固定位置，位置需经过力矩平衡原理计算确定。

(5)试合模：启动液压铰链翻转系统使压力面模具开始试合模，如图 2-19 所示，进行垂直合模，若有异常声响应立即停止油缸的向下垂直运动，并检查是否有个别点发生干涉，若有干涉情况应及时修整至满足合模要求。翻转过程中严禁吸力面模具操作范围内站人，当完成试合模后，按照合模缝间隙表尺寸检查是否有超出的间隙段，并计算涂胶厚度。操作人员应对吸力面和压力面的橡皮泥等杂物及时进行清理，保证粘接面表面洁净无杂物，对于新投产的翼型，若存在某段始终超差，则应检查上、下壳体泡沫或前后缘粘接角是否与压力面壳体发生干涉。

图 2-19　试合模

(6)粘接剂的涂抹：在吸力面壳体抗剪切腹板粘接面、抗剪切腹板上粘接面、吸力面上的粘接角、前缘粘接面、尾缘粘接面、避雷器上粘接面、配重盒粘接面以及压力面的后缘凹槽内涂抹粘接剂。

(7)抗剪切腹板的安装：在抗剪切腹板的上粘接面粘接玻璃钢等高块，然后从特定的支架上将预制好的抗剪切腹板使用行车吊起并准确放置在吸力面壳体的大梁上，如图 2-20 所示。

(8)避雷系统的安装：按照图纸进行避雷系统安装，如图 2-21 所示。若安装完毕必须在合模之前进行导通检验。检验合格标准为每两个导通点之间的电位差为零或电阻小于等于 1Ω。具体操作方法为：使用万用表和辅助铜导线进行测量，若电阻值显示无穷大或电压显示万用表额定电压，则表示不导通，线路接头需要检查并重新连接。

(9)翻转：粘接剂涂抹完成后，启动液压铰链翻转系统进行合模操作，如图 2-22 所示。

图 2-20 抗剪切腹板的安装

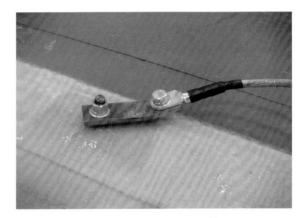

图 2-21 避雷系统的安装

图 2-22 叶片合模

（10）根部内粘接角的制作：当合模完成以后，应首先检查叶片内腔合模缝较大的地方是否有粘接剂滑落悬空现象，若有，应及时填充修补。

3. 叶片后处理

叶片的后处理通常包括以下工艺流程，如图 2-23 所示。

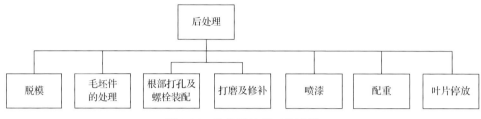

图 2-23　叶片后处理工艺流程

1）脱模及毛坯件的处理

叶片法兰边切割：在保证分型线不被切伤的情况下切除多余的法兰边，之后对叶片进行表面缺陷的检查与修整。

前、尾缘外粘接角的制作：按照坐标制作粘接角。

2）根部打孔及螺栓装配

根部打孔及螺栓装配流程如图 2-24 所示。

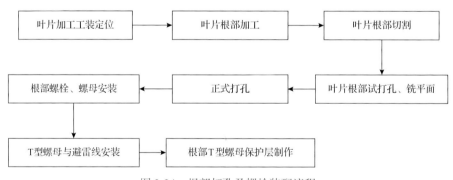

图 2-24　根部打孔及螺栓装配流程

3）打磨及修补

先将叶根、前后缘处的玻璃钢毛边打磨掉，与周围壳体形成平滑过渡；再将壳体表面打毛（除去脱模剂，将胶衣面打毛），打磨时千万不可伤及叶片的蒙皮。

叶片表面可能存在的缩孔区域、前后缘区域、根部 T 型螺母的外保护层区域用大腻子修补；整个叶片外表面针孔区，修补重点用大腻子修补后再用小腻子修补。

4）喷漆

（1）底漆的喷涂：喷涂范围是整个叶片表面。叶根 T 型螺母的修补区喷涂一遍，对叶片表面喷涂一遍；叶片两侧的操作者可分别由叶根和叶尖相向而行或者在间隔一定距离的条件下同时由叶根向叶尖方向进行喷涂。

(2)面漆的喷涂：待底漆喷涂结束后，如果无缺漏、杂质、划痕等缺陷可直接进入面漆喷涂，反之需要用砂纸进行打磨，并用小腻子进行修补。面漆的操作步骤与底漆一样。

(3)烤漆：面漆喷涂结束后，先流平，再在烤漆房进行加热固化，固化后检查是否有针孔、气泡、流挂，若有，则用胶带纸遮盖缺陷周围区域，用砂纸打磨此区域至胶带边缘，然后重新喷涂。

5)配重

首先从一批(一般以 15 片或更多片为一批进行筛选)叶片中选择重量与重心基本一致的叶片进行组配，尽量做到不配重或少配重，然后分组编号记录。

在满足重心坐标的前提下进行重量匹配；在满足重心坐标的情况下每组叶片的重量偏差尽可能小；在满足重量偏差的情况下应尽量少配重。

6)叶片停放

(1)叶片堆放：将成品叶片按照配重分组有次序地使用特定的运输工装停放在堆场上，控制叶片停放间距。

(2)叶片标签：在叶片的实际重心位置喷涂红色重心标识，在根部内腔粘贴叶片身份标签，在吊点处粘贴吊点标签标识吊点。

(3)叶片在运输装车之前应再次检查根部是否有残留树脂或腻子等其他杂物，若有应及时清理干净。

4. 叶片静载与疲劳测试

叶片是风力发电机组中的关键部件之一，其良好的设计、可靠的质量和优异的性能是保证机组正常、高效运行的决定性因素。叶片的强度和刚度决定了风力发电机组性能的优劣。随着风力发电机组额定功率的增加，风力发电机组的重量随着叶片长度和翼型弦长的增加也迅速增加，对高额定功率风力发电机组的性能检测也成为一个重点话题。

叶片静载与疲劳测试的试验对象应当是满足试验要求的全尺寸叶片，一般可以从试验中抽取，可做不影响静强度的表面加工，以便与试验工装连接和加载。件数一般为一件；试验夹具要尽量模拟叶片的力学边界条件，并尽可能小地影响叶片的内力分布。试验载荷应尽量与叶片实际载荷一致，既要满足叶片的总体受力要求，也要满足叶片的局部受力要求[30-32]。

静载试验顺序如下：

(1)预试；

(2)使用载荷与疲劳试验；

（3）设计载荷试验。

预试是为了检查试验、测量系统是否符合试验要求和拉紧试验件，消除其间隙。使用载荷与疲劳试验是为了确定叶片承受使用载荷的能力。设计载荷试验是为了确定叶片承受设计载荷的能力。图 2-25 为全功率静载试验台。

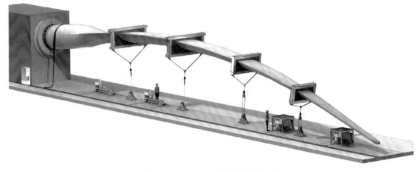

图 2-25　全功率静载试验台

5. 叶片测试系统

1）变桨驱动

采用液压加载系统的液压源使用大转矩液压马达驱动减速机以达到叶片变桨的目的，也可直接使用电机通过减速箱直接驱动，只要选择的驱动转矩满足设计要求即可。图 2-26 为变桨系统示意图。

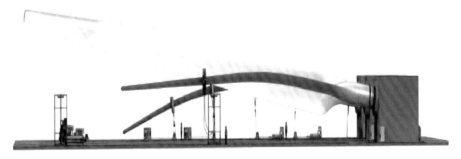

图 2-26　变桨系统示意图

2）仰角变化实现

采用带活铰点的液压加油缸驱动测试台基座至合适位置后，液压蓄能锁定，同时使用固定夹具锁止。

3）变桨轴承选择

该轴承的倾覆力矩满足：设计满载时的许用安全系数、叶片质量倾覆力矩、内啮齿轮载荷及许用应力均满足正常的变桨力矩。

2.1.6 叶片优化设计

基于降本增效的目的，对叶片气动和结构进行优化设计。气动设计基于动量-叶素理论，气动参数包括弦长、扭角、厚度分布、预弯曲线。结构设计基于工程算法，优化变量包括主梁和辅梁厚度、叶根斜角布的分布以及厚度。同时，结合风速分布模型及风速-高度模型，分析研究年发电量、载荷、叶片成本的相互作用，建立一套自下而上的叶片性能优化数值模型，将翼型气动系数分析、叶片气动设计、叶片结构设计等方面一体化设计到优化平台中，实现叶片部件自身的气动、结构、载荷、发电量等多学科优化[33,34]。

1. 叶片优化平台搭建

早期的设计方法如 Glauert 法、Wilson 法等虽嵌入了优化模块，但其没有考虑实际风速的概率分布，无法保证设计的风力发电机组年发电量最大。

风力发电机组叶片设计涉及复杂的气动、结构性能计算及搜索寻优过程，计算模型的准确度和优化算法的选择直接决定了设计结果的优劣。出于技术保密的考虑，国外知名的叶片生产商不对外公开其设计方法，商品化的风力发电机组分析和设计软件也都不包含叶片设计模块，因此很有必要研究并掌握风力发电机组叶片设计技术，建立通用的叶片设计软件。

将各截面的翼型弦长、扭角、厚度、预弯曲线、主梁、辅梁厚度参数化，选取年发电量最大、重量最轻为优化目标，选取先探索可行性空间再寻优的多目标优化策略，建立通用的叶片优化设计程序，实现风力发电机组叶片自动优化设计。

1) 设计变量

叶片气动-结构一体化设计平台中，叶片的气动外形由各截面的翼型、弦长和扭角决定，对于翼型的选择，从叶片结构、强度方面考虑，分别在不同叶片展向处选择不同截面厚度的翼型。标准翼型中间段各截面的气动性能由两端标准翼型相对厚度进行线性插值来获得。

当翼型系列确定之后，根据设计目标确定每个截面的最佳弦长和扭角，为使叶片主要功率输出段的截面弦长和扭角沿展向连续光滑分布，将弦长 c 和扭角 t 都定义为按贝塞尔曲线分布，r 指距离叶片根部的长度，R 指叶片长度，如图 2-27 所示。

弦长和扭角分布所对应的贝塞尔曲线，都使用了 4 个控制点，所以总共有 16 个设计变量，分别为弦长曲线控制点的坐标 (x_{ci}, y_{ci})，$i=1, 2, 3, 4$；扭角曲线控制点的坐标 (x_{ti}, y_{ti})，$i=1, 2, 3, 4$。

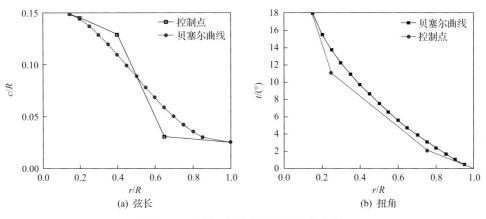

图 2-27 弦长、扭角沿叶片展向分布图

设计变量如表 2-9 所示。

表 2-9 设计变量

变量	符号	因子数
风轮直径	D	1
弦长分布	c_x	8
扭角分布	t_x	9
	deltatip	1
相对厚度分布	thickx	1
	deltath	4
预弯	prebend	3
大梁厚度分布	scx	4
	scy	3
辅梁厚度分布	TEUD	7
叶根斜角布厚度分布	RS	3

2)目标函数

优化设计的目标要求机组在满足载荷要求的前提下年捕获能量最大。因为风力发电机组的年捕获能量等于风力发电机组的年平均功率和年总时间的乘积，而年总时间为常数，所以在计算中可以使用年平均功率作为设计目标。因此，定义目标函数 $f(x)$ 为

$$f(x) = \overline{p} = \int_{U_{\text{in}}}^{U_{\text{out}}} f_w(U) p(U) \mathrm{d}U \tag{2-12}$$

式中，$\bar{p}$ 为平均功率；U 为风速；U_{in} 为切入风速；U_{out} 为切出风速；$f_w(U)$ 为风速的韦布尔分布密度函数；$p(U)$ 为风轮在风速为 U 时的输出功率。

式 (2-12) 所定义的目标函数虽然对所有机组是通用的，但是对于变速变桨距风力发电机组，可以做进一步简化。因为变速变桨距风力发电机组的运行模式是在风速低于额定风速时，风轮变转速运行，跟踪最优叶尖速比，保持在任意风速下输出能量最大；在风速高于额定风速时，不再改变转速，改变叶片桨距角，使机组输出功率保持为额定功率。因此，优化设计的目标可以定义为在设计叶尖速比 λ_{opt} 下，机组的功率系数最大。对于变速变桨距风力发电机组，简化其目标函数 $f(x)$ 为

$$f(x) = C_p(\lambda_{opt}) \tag{2-13}$$

响应如表 2-10 所示。

表 2-10 响应

响应	目标
年发电量	最大化
质量	最小化

3）约束条件

约束条件如表 2-11 所示。

表 2-11 约束条件

约束	系统表示	条件
最小相对厚度	thickmin	$\geqslant 18\%$
最大功率系数	C_{pmax}	>0.47
额定风速推力系数	RatedCt	$\leqslant 0.75$
净空/挠度	clearance	IEC/GL

（1）变量约束。

为了使弦长和扭角的可行域分布在合理的范围内，考虑到贝塞尔曲线控制点的特点，对设计变量采用如下约束限制：

$$\begin{cases} r_{min} \leqslant x_{c1} < x_{c2} < x_{c3} < x_{c4} \leqslant r_{max} \\ c_{min} \leqslant y_{c4} < y_{c3} < y_{c2} < y_{c1} \leqslant c_{max} \\ r_{min} \leqslant x_{t1} < x_{t2} < x_{t3} < x_{t4} \leqslant r_{max} \\ t_{min} \leqslant y_{t4} < y_{t3} < y_{t2} < y_{t1} \leqslant t_{max} \end{cases} \tag{2-14}$$

式中，r_{min}、r_{max} 分别为叶片优化设计段的截面最小半径和最大半径；c_{min}、c_{max} 分别为设计允许的最小弦长和最大弦长；t_{min}、t_{max} 分别为设计允许的最小扭角和最大扭角。

(2)切入风速约束。

设计的叶片应该能够让机组在风速达到切入风速时启动，所以机组在切入风速时需要有正的功率输出，定义切入风速约束条件如下：

$$p(U_{in}) \geqslant p_0 \tag{2-15}$$

式中，$p(U_{in})$ 为机组在切入风速时的输出功率；p_0 为用户希望切入风速时机组的最小输出功率。

(3)额定风速约束。

在额定风速时，机组的输出功率应该能够基本达到额定功率，所以定义额定风速约束条件如下：

$$\left| p(U_r) - p_{rated} \right| \leqslant \Delta p \tag{2-16}$$

式中，$p(U_r)$ 为机组在额定风速时的输出功率；p_{rated} 为机组的额定功率；Δp 为用户容许的额定功率误差。

4)建立叶片优化平台

(1)编写气动计算程序。

优化设计模型建立以后，需要计算叶片的气动性能，气动性能的精确度对优化结果影响很大，采用片条理论计算气动性能，计算模型考虑了叶尖损失、轮毂损失、叶栅理论及轴向诱导因子的修正，以保证气动性能计算的精确性。

(2)叶片优化设计。

应用叶片气动、结构、载荷一体化设计平台，设计风力发电机组叶片。

① 设计参数。

风力发电机组叶片设计所需设计参数如表 2-12 所示。叶片模型搭建需要输入整机参数、叶片外形控制曲线、结构控制点值，当给输入量设定一定的范围后，模型将实现自动优化。

表 2-12　风力发电机组叶片设计参数

参数	单位
风轮直径	m
桨叶数量	片
额定风速	m/s
设计叶尖速比	—

续表

参数	单位
额定功率	MW
风轮转速	r/min
风轮中心高度	m
桨叶安装角	(°)
风轮锥角	(°)
转轴倾角	(°)
轮毂中心到塔架中心距离	m
轮毂直径	m
翼型系列	—
空气密度	kg/m³
切入风速	m/s
切出风速	m/s
韦布尔形状因子	—
韦布尔尺度因子	—

② 设计过程。

采用上述理论及设计方法，建立了叶片气动、结构、载荷一体化设计平台，如图 2-28 所示，充分考虑了气动、结构、载荷、成本等因素，并集成了高精度仿真计算软件，大幅度提高了叶片设计的效率和精度。

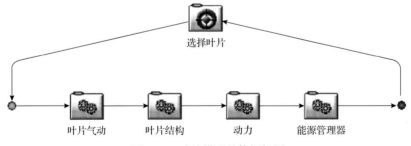

图 2-28 叶片模型总体框架图

2. 试验设计法结果分析

基于搭建叶片优化平台，调用国际先进设计软件计算结构属性、载荷、功率特性。对比分析不同方法(正交数组(orthogonal array)、优化拉丁超立方、最优拉丁超立方等)以及样本点数量对结果的影响。

1)结果分析

风轮直径对发电量和极限载荷影响大，扭角、尖部占位弦长对发电量影响大，厚度分布、结构参数对发电量影响小，预弯、主梁厚度、中间占位叶展弦长、扭角对疲劳强度影响大，弦长、预弯、厚度、扭角、根部占位主梁厚度对极限载荷影响大，预弯、主梁厚度、弦长、扭角对载荷影响大，叶尖厚度、辅梁对载荷影响小。

2)叶片优化结果

运用上述优化平台设计出数万个设计点，通过对结果进行分析，得到如图 2-29 红线所示的 Pareto 前缘点，然后根据整机对叶片载荷的要求，在 Pareto 前缘点中筛选出满足载荷要求的发电性能最好的叶片。

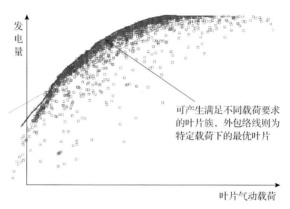

发
电
量

可产生满足不同载荷要求
的叶片族，外包络线则为
特定载荷下的最优叶片

叶片气动载荷

图 2-29　Pareto 前缘点

基于降本增效的目的，对叶片气动和结构进行优化设计，将翼型气动系数分析、叶片气动设计、叶片结构设计等方面一体化到优化平台中，建立一套自下而上的叶片性能优化数值模型。对优化模型进行试验设计分析，并在此基础上完成叶片气动、结构、载荷、发电量等多学科优化。

3)试验设计法

变量数量和范围、目标和约束的选取对结果影响较大。几何参数对各响应目标都非常敏感，如全展弦长、扭角分布以及相对厚度分布；结构参数对叶根载荷和叶片质量矩影响程度较大，如等厚层区域附近的主梁和辅梁厚度。敏感度较低的因子，可以考虑不作为优化变量，以减少优化变量数。

2.2　变　桨　系　统

随着风电行业的发展，低风速资源地区项目逐渐被开发，风力发电机组向着容量大型化、叶轮大直径化的方向发展，对风力发电机组变桨系统可靠性的要求也随之提高，同时对风力发电机组变桨系统在技术设计方面的要求也更加精益求精。现在并网发电的大型变速变桨风力发电机组结构复杂，需要在湍流风、低速风、阵风等不同环境条件下实现安全稳定运行。大型风力发电机组本身是非线性时变的大惯量系统，实时快速地跟踪转速参考值的控制目标受到机械部件响应速度的限制。同时，湍流风作为有着间歇时变特性的动力源，受到风切变效应和塔影效应等的影响。另外，并网和室外运行引发的不确定因素等难题都给风力发电控制系统的设计提出了挑战。为了获得高质量的风电产能，并且延长风力发电机组寿命，应当考虑转动部分的大惯量特性，根据风力发电机组实际模型响应能力来设计参考模型的零极点位置，以此表征对风力发电机组动态特性的理想要求。在不依赖风速测量和准确空气动力学模型等先验知识的条件下，基于非仿真风力发电机组模型的变桨轴承、变桨驱动齿轮箱、变桨伺服电机以及连接驱动和轴承间传动的开式齿轮是变桨系统的重要零部件，这些零部件是否能满足风力发电机组 20 年使用寿命，是否能承受 50 年一遇极端阵风，是否能在设计载荷条件下满足风力发电机组叶片的驱动，能否保证风力发电机组的功率调节和气动制动高效稳定，关乎整个风力发电机组能否安全运行[35-37]。

本节涉及变桨系统的机械结构和电气控制两方面内容，首先介绍风力发电机组变桨系统的功能和基本结构；然后介绍低风速风力发电机组变桨系统的特点和技术指标，在此基础上详细介绍变桨系统机械结构的设计方法；最后针对低风速风力发电机组的复杂运行风况介绍变桨系统的控制策略。

2.2.1 变桨系统概述

1. 变桨系统功能

随着风力发电技术的迅速发展，风力发电机组正从恒速恒频向变速恒频、从定桨距向变桨距方向发展。变桨距风力发电机组以其能最大限度地捕获风能、输出功率平稳、机组受到振动小等优点，成为当前风力发电机组的主流机组。

变桨系统是风力发电机的重要组成部分，变桨控制技术简单来说，就是通过调节桨叶的桨距角，改变气流作用在叶片的攻角，从而控制风轮捕获更多的风能，达到增加气动转矩和气动功率的目的。变桨系统通过控制叶片的角度来控制风轮的转速，进而控制风力发电机组的输出功率，能够通过空气动力制动的方式使风力发电机安全停机。变桨系统包括电动变桨系统和液压变桨系统。变桨系统使叶片沿其纵向轴转动来调节功率，风力发电机在高于额定功率点输出功率平稳，在额定点具有较高的风能利用系数，确保高风速段的额定功率输出。

变桨机构控制叶片相对于旋转平面的位置角度。变桨控制使风力发电机组在低风速时即可获得能量，当风速大于额定风速时捕获固定大小的风能。控制桨距角的方法不止一种，各种方法都需要对叶片角度进行控制。控制算法持续监测风速和发电机出力，调节叶片的桨距角。当风速高于额定风速时，叶片桨距角大幅增加以改变攻角和诱导失速。当输出功率小于额定功率时，桨距角保持在0°位置不变，不做任何调节；当发电机输出功率达到额定功率以后，调节系统根据输出功率的变化调整桨距角的大小，使发电机的输出功率保持在额定功率。此时控制系统参与调节，形成闭环控制，使发电机运行在最佳状态下。

当风轮开始旋转时，采用较大的正桨距角可以产生一个较大的启动力矩。停机时，顺桨使桨距角保持90°的状态，因为风力发电机组制动时，这样的操作能使风轮的空转速度最小，起到保护桨叶的作用。

变桨系统是风力发电机组控制和保护的重要装置，主要功能如下：①风力发电机组启动过程中，变桨系统控制桨叶的角度以实现风力发电机组依靠风力自启动；②风力发电机组正常发电过程中，在未达到额定风速时，变桨系统控制桨叶的角度以实现最大风能的捕获；③达到额定风速后，变桨系统控制桨叶角度使风力发电机组保持额定功率稳定运行，不发生过载；④风力发电机组正常停机或紧急停机时，变桨系统控制桨叶转到预定安全位置，实现空气动力制动，确保风力发电机组安全停机。

2. 变桨系统结构

近些年，针对不同的应用环境和技术需求，发展出了多种变桨系统的技术方案，典型变桨系统技术方案技术路线及优势对比如表2-13所示。

表2-13　典型变桨技术方案

技术路线	优势对比
直流电机+蓄电池	蓄电池成本较低，但结构相对复杂，集成度较差，后备电源寿命短，不利于检测，后期维护成本高
低压交流异步电机+超级电容	集成度高、可靠性高、寿命长、结构简单、使用维护方便、环境适应能力强
永磁同步交流电机+超级电容	具有更好的动态特性和响应能力，集成度更高，在小功率变桨电机阶段成本高，主要用于3MW以上大容量风力发电机组
液压变桨系统	具有驱动力矩大、器件损坏率低的优点，但对生产安装工艺要求极高，沙尘、高寒等极端环境适应性略差

目前变桨系统主要分为电气变桨系统和液压变桨系统。电气变桨系统受到后备电源技术因素影响，早期使用电池作为后备电源的变桨系统。电池作为后备电源的缺点是使用寿命短、维护成本高。超级电容技术出现后，因其使用寿命长、零维护成本等优势很快在电气变桨技术中取代了电池。液压变桨系统对生产和安装工艺要求很高，目前只有少数国外厂家应用。

变桨系统通常由减速机构、变桨驱动、控制系统和相关电气系统等部分构成。电气系统包括电源管理模块、伺服驱动器、伺服电机（含编码器）、后备电源、变桨控制器等，三个叶片相互独立，单轴的变桨系统结构如图 2-30 所示。变桨系统主电路采用交流-直流-交流回路，伺服驱动器控制伺服电机带动减速机输出转矩。减速机固定在轮毂上，变桨轴承的内圈安装在叶片上，轴承的外圈固定在轮毂上。当变桨系统通电后，伺服电机带动减速机的输出轴小齿轮旋转，小齿轮与变桨轴承的内圈啮合，从而带动变桨轴承的内圈与叶片一起旋转，实现了改变桨距角的目的[37-39]。

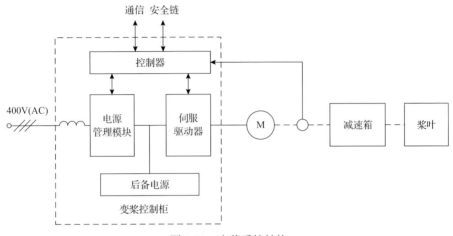

图 2-30 变桨系统结构

2.2.2 变桨系统特点

低风速风力发电机组一般安装在我国中东部和南部地区，变桨系统设计应满足特殊环境的适应性要求，如满足长江流域的高雷暴和高湿度天气、中南地区的冰冻现象、西南地区的高原环境等。变桨系统应具有较高的防护等级，避免外部潮湿空气的侵袭，其控制系统应该具有更高的精度和响应速度，适应低风速区域风况复杂多变的特点。

1. 环境适应性要求

变桨系统环境适应性要求如表 2-14 所示。

2. 伺服性能要求

风速和风向并不是一直处于渐变状态，特别是在低风速区域，风速和风向经常出现快速而复杂的变化，一旦出现紧急情况，需要顺桨并停止风力发电机组运行，保障风力发电机组的安全。传统技术中，应对紧急顺桨采取的方式是全速顺

表 2-14　变桨系统环境适应性要求

序号	参数	要求
1	存储温度	−40～70℃(不带电)
2	运行温度	−30～55℃
3	海拔	≤4000m
4	相对湿度(含凝露环境)	≤95%
5	防腐等级	C4-H(陆上型)、C5-H(海上型)
6	防护等级	控制柜 IP54、电机 IP65
7	防雷等级	Ⅲ级

桨，叶片以最大角速度顺桨，直至叶片弦线与风向基本平行，叶片基本不再受风速作用而停止转动。但实际上，这种全速顺桨方式并不理想，变桨系统会出现很大的极端载荷，甚至导致风力发电机组出现结构性的损伤。

在阵风停机、电网断电、后备电源顺桨等紧急顺桨情况下，为了保证风力发电机组的载荷和电气安全，应采用变速率顺桨的方式。例如，在阵风停机开始时，首先以高顺桨速率调整风轮的桨距角，避免风轮出现超速的现象，再以低顺桨速率调整风轮的桨距角，避免出现风力机整体机械载荷过大的现象。采用此种控制方法，能够使风力发电机组同时避免出现超速飞车和载荷过大导致结构断裂的情况，提高了风力发电机组在阵风停机过程中的安全性。变速率顺桨过程如图 2-31 所示，收桨过程中，变桨系统需要根据主控的命令在某一时刻改变顺桨速率，时间点 t_1、t_2 和变桨速率 v_2 均由主控给出，变桨速率 v_1 由变桨系统控制。顺桨时叶片位置与变速率顺桨功能无关，无论叶片处于什么位置，只要满足变速率顺桨要求，变桨系统应按照图 2-31 动作要求操作。

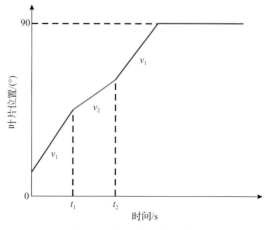

图 2-31　变速率顺桨示意图

变桨系统伺服指标及要求详见表 2-15。

表 2-15　变桨系统伺服指标及要求

指标名称	含义	指标要求
通信总线	变桨与主控通信方式为工业总线通信	≥500kbit/s
稳态误差	当变桨角度控制的过渡过程结束后， 单个桨叶与主控指令之间的误差值	≤0.05°
阶跃响应	当变桨的角度输入激励为 5°的阶跃函数时， 单个桨叶的性能指标	延迟时间≤100ms， 位置响应无超调
跟踪速率	变桨系统正常运行时，单个桨叶跟踪主控指令的最大速率	≥7°/s
不同步误差	正常运行时，三个桨叶之间的相互误差	≤0.5°
	紧急收桨时，三个桨叶之间的相互误差	≤1°

2.2.3　变桨系统结构设计

合理的变桨机械结构设计使其具备优异的力学性能，能保证系统安全、稳定、可靠地运行。变桨系统的优化包括系统结构的参数化设计、结构的极限和疲劳强度分析、智能优化算法设计。系统中变桨轴承可调节的参数通常包括游隙、接触角、排距等，对变桨轴承的承载能力影响较大，分析这些参数变化与轴承承载性能的关系对变桨系统结构优化具有重大意义。强度分析需要采用有限元法建立变桨系统结构的非线性力学模型，变桨系统有限元模型如图 2-32 所示。采用合理的单元选择和划分模拟变桨轴承的刚度，选择准确的部件间接触参数模拟非线性边

图 2-32　变桨系统有限元分析

界条件，采用恰当的单元组合评估变桨系统螺栓的极限和疲劳强度。针对变桨系统结构各参数，以安全系数最大和质量最小为优化目标，基于有限元模型及其精确计算结果，采用遗传算法或神经网络等智能优化算法完成变桨系统结构优化。

1. 变桨驱动

变桨驱动是变桨系统实现变桨的主要执行机构之一，包括变桨电机、变桨减速机及变桨小齿三个部分，一般变桨小齿与变桨减速机输出轴按一体进行设计考虑。如图 2-33 所示，通常一个变桨系统中每个叶片安装一个变桨驱动。变桨电机与变桨减速机之间采用花键连接，变桨减速机与变桨轴承由齿轮啮合。

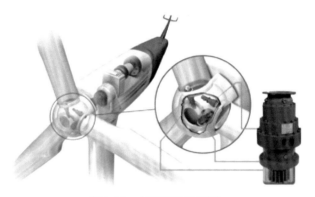

图 2-33　变桨驱动示意图

1）变桨减速机

（1）变桨减速机概述。

风力发电机组变桨减速技术具有较高的成熟度，各整机厂商大多采用行星轮系结构。在输出形式的设计方面（输出小齿形式、输出皮带轮形式）略有不同；在变桨减速机输入端，早期大多使用平键形式与变桨电机进行连接，但后期改进为花键连接形式，其可靠性更高。

变桨减速机由多级行星轮系组成，每级有多个行星系齿轮，太阳轮和行星架设计成基本浮动构件，以达到均载的目的。其工作环境非常恶劣复杂，工作温度为–20～50℃。变桨减速机的安装位置很高，维修困难。一般要求变桨减速机的工作寿命达到 20 年，因此要求变桨减速机的各个零部件具有高可靠性。

（2）变桨减速机设计。

变桨减速机中关键零部件包括行星系齿轮、齿圈以及轴、轴承等。各零部件均需满足相应的设计、计算及精度要求。

行星系齿轮及齿圈设计、计算及精度要求如下：

①变桨减速机所有齿轮的齿面接触疲劳强度和弯曲疲劳强度的校核计算应符

合 GB/T/ISO 6336《直齿轮和斜齿轮承载能力计算》或 GB/T 3480《直齿轮和斜齿轮承载能力计算》的相关规定。

②计算中需要使用载荷持续时间分布(load duration distribution，LDD)或使用 Miner 准则将 LDD 转化为等效的疲劳载荷进行齿轮疲劳寿命校核，对于静强度分析应用工况系数为 KA=1.0。

③此外还需针对断齿和点蚀的疲劳及静强度进行分析，安全系数的选取参照表 2-16 和表 2-17。

表 2-16　疲劳强度分析的安全系数

变桨减速机和变桨小齿的最低安全系数	变桨减速机	变桨小齿
表面接触疲劳	1.0	1.1
齿根弯曲疲劳	1.15	1.25

表 2-17　静强度分析的安全系数

变桨减速机和变桨小齿的最低安全系数	变桨减速机	变桨小齿
表面接触疲劳	1.0	1.0
齿根弯曲疲劳	1.1	1.2

④太阳轮、行星轮的精度应符合 GB/T 10095《圆柱齿轮 ISO 齿面公差分级制》的规定，精度等级均为 6 级，内齿圈和输出齿轮至少满足 GB/T 10095 所规定的精度等级不低于 7 级。

⑤变桨减速机的材料应根据设计计算进行选择，其主要零部件推荐下列材料：
太阳轮为 20CrNiMo；
行星轮为 20CrNiMo；
输出齿轮为 18CrNiMo7-6；
内齿圈为 42CrMoA。

螺纹连接部分的计算应按照 GB/T 16823.1—1997《螺纹紧固件应力截面积和承载面积》的有关规定，螺栓的强度等级不低于 8.8 级。对于变桨减速机的输出轴，应进行疲劳强度分析和静强度分析，可按轴类零件负载能力计算(DIN 743-4: 2012)等效规范进行分析。

此外，无论是采用油润滑还是脂润滑，必须保证变桨减速机运行在稳定的润滑环境中。按一定的周期要求对变桨减速机中的油品进行检测和更换。

(3)变桨减速机试验。

为确保设计与制造的变桨减速机能够满足实际工况，一般会进行样机型式试验与出厂试验。试制的齿轮箱或齿轮箱有较大结构改动，必须做型式试验。在型式试验完成、产品鉴定合格后，才能批量生产，批量产品只做出厂试验。如有下列情况之一，应进行型式试验：

①出厂试验的结果与上次型式试验有较大差异时；

②国家质量监督机构要求进行的型式试验时；

③定期对产品进行抽检时；

④在使用中出现重大偏差时。

型式试验的目的是验证产品能满足规定的性能及可靠性要求，可以安全使用所进行的试验。在初次交货、产品规格变更时进行此项试验。型式试验项目包括但不限于如下试验：气密性试验、空载试验、加载试验、极限试验、全疲劳寿命试验。

出厂试验的目的是针对检验交货产品，对型式试验中已确认的安全性、可靠性再行验证。出厂试验项目包括但不限于如下试验：气密性试验、空载试验。

2) 变桨电机

变桨电机需要满足仿真环境下风力发电机的载荷要求。在仿真过程中，记录了桨叶角度、变桨速度与转矩的时间序列。通过计算对应转速和转矩的均方根值绘出转速-转矩关系散点图，所选电机的转速-转矩曲线必须把这些计算所得均方根值包络在内。

电机热设计需要考虑长时间均方根值，这是电机在正常模式下连续运行的要求。在直流母线电压下降的紧急模式下，需要根据紧急模式下桨叶顺桨的实际工况来确定计算均方根值的时间长度。在极端负荷设计中使用短时间均方根值，在这种情况下驱动器对输出电流做了限制。

永磁同步电机（permanent-magnet synchronous motor，PMSM）是一种重要的驱动执行设备，工作效率高，性能稳定，在风力发电机组变桨领域得到了成功应用。

分析永磁同步电机控制系统时，最常用的是电机 d-q 轴系下的数学模型。采用矢量控制的永磁同步电机控制系统根据控制 d、q 轴电流的不同，可以制定不同的控制策略。这里采用将 d 轴电流置零的控制方式，则转矩只受 q 轴定子电流分量的影响。采用这种控制方法，只要对电流进行控制就能达到控制转矩的目的，同时也能保证最大的输出转矩，算法简单，转矩变化小，电机运行平稳。此时驱动电机的转矩公式为

$$T_e = K_T i_q \tag{2-17}$$

式中，T_e 为电机输出的电磁转矩（N·m）；K_T 为 PMSM 的转矩常数（N·m/A）；i_q 为 q 轴的定子电流（A）。

电机热设计需要考虑长时间均方根值，这是电机在正常模式下连续运行的要求。在极端负荷设计中使用短时间均方根值，在这种情况下伺服驱动器对输出电

流做了限制。

对于特定某一型号的 PMSM，转矩常数 K_T 是已知参数，根据式(2-17)分别计算出驱动器长时间和短时间转矩均方根值下需要伺服驱动器输出的定子电流 i_q，将此值分别作为伺服驱动器需要满足的额定输出电流和短时最大输出电流，并据此来初步确定伺服驱动器和电源管理模块的型号。

2. 变桨轴承

1)功能

风力发电机组的叶片与轮毂之间常用大型回转支撑轴承连接，在机组运行过程中通过轴承内外圈的相对转动来实现调整桨叶角度，达到捕获风能的目的，这个回转支撑轴承称为变桨轴承。

变桨轴承的主要功能有连接轮毂和叶片、通过内外圈的相对转动实现叶片角度改变、设置限位系统安装孔、安装限位装置、实现叶片转动的限位。

2)结构及类型

(1)轴承结构。

常见的变桨轴承结构有单排四点接触球轴承(图 2-34)、双排四点接触球轴承(图 2-35)、交叉圆柱滚子轴承(图 2-36)以及三排圆柱滚子轴承(图 2-37)等。目前的低风速风力发电机组中应用最为广泛的变桨轴承结构为双排四点接触球轴承，当叶轮直径很大时，也可以使用三排圆柱滚子轴承，其余类型结构应用较少。由于双排四点接触球轴承在变桨轴承的应用十分普遍，本章主要介绍的是双排四点接触球轴承的设计和计算方法。

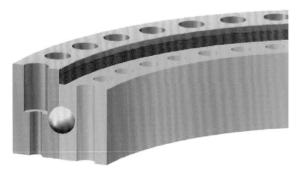

图 2-34 单排四点接触球轴承

(2)变桨形式。

目前变桨轴承常见的变桨形式为电变桨，除了电变桨以外，还有液压变桨。

电变桨是以电机驱动变桨减速机，通过变桨减速机与变桨轴承的齿啮合实现变桨，需要在轴承上加工出与变桨减速机相啮合的齿，齿加工在内圈上为内齿式变桨，

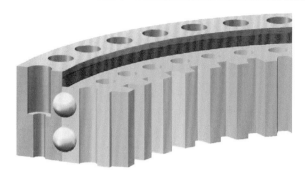

图 2-35　双排四点接触球轴承

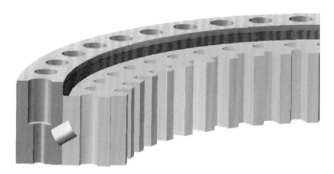

图 2-36　交叉圆柱滚子轴承

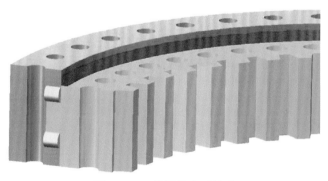

图 2-37　三排圆柱滚子轴承

加工在外圈上为外齿式变桨，其中以内齿式变桨较为常见。

液压变桨是以液压缸推动液压杆，再以液压杆推动轴承套圈来实现变桨的一种变桨形式，目前在低风速风力发电机组上应用较少。

电变桨相较液压变桨，具有成本低、控制系统简单、结构紧凑等优点，但控制精度略低，同时难以实现各个叶片的独立变桨。

3）选型设计

（1）载荷形式。

变桨轴承的设计需要综合考虑接口尺寸、叶片载荷、齿轮载荷及螺栓载荷等信息。

接口尺寸应满足轴承和叶根连接、轴承和轮毂连接要求。

叶片载荷应提供由叶片产生的作用于变桨轴承中心的载荷，载荷坐标系按图 2-38 规定。

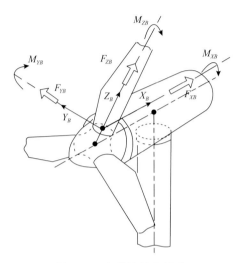

图 2-38　变桨轴承坐标系

变桨轴承的载荷一般有如下几种：

①极限载荷。描述变桨轴承工作中可能出现的极端工况，轴承中可能出现的最大载荷，用以校核轴承的极限强度是否满足要求，一般要求轴承的设计应满足极限载荷下轴承的安全系数不低于 1.1。

②时间序列载荷。根据不同的工况及轴承服役期间工况的发生次数，对轴承整个寿命期间内的载荷通过时间列表的形式描述出来，载荷较精确。

③LDD 载荷。通过雨流计数法将时序载荷等效为区间载荷，并统计每个载荷区间的时间，最后得到载荷。

(2)计算方法。

①极限载荷的校核方法(静态安全系数)。

依照德国劳氏船级社(GL)规范，变桨轴承的静态安全系数是最大允许赫兹接触理论应力与最大接触应力之间的比值，至少应为 1.1。

根据 GL 的规定，计算变桨轴承的静态安全系数时，应以变桨轴承的极限载荷为输入，通过计算轴承的滚子-滚道接触应力来确定轴承的静态安全系数。

变桨轴承的载荷由叶片—轴承内圈—轴承滚子—轴承外圈—轮毂的途径进行传递，此途径中承受载荷的核心在滚子与内外圈滚道的接触。对于常见的单排四点接触球轴承，滚子和滚道的接触最大载荷可通过近似公式来计算，公式如下：

$$Q_{\max} = \frac{2F_r}{Z\cos\alpha} + \frac{F_a}{Z\sin\alpha} + \frac{4M}{D_{pw}Z\sin\alpha} \tag{2-18}$$

式中，$Q_{\max}$ 为滚子最大载荷；Z 为单排滚子个数；F_r 为轴承外载产生的径向力，$F_r = \sqrt{F_x^2 + F_y^2}$；$F_a$ 为轴承外载产生的轴向力，$F_a = F_z$；M 为轴承外载产生的弯矩，$M = \sqrt{M_x^2 + M_y^2}$；α 为轴承的初始接触角；D_{pw} 为轴承的回转直径。

轴承的最大接触应力与滚子最大载荷相关，其值可根据赫兹接触理论求解，计算公式如下：

$$\sigma_{\max} = \frac{3Q_{\max}}{2\pi ab} \tag{2-19}$$

式中，$\sigma_{\max}$ 为最大接触应力；a 为接触椭圆长轴半径；b 为接触椭圆短轴半径。

赫兹接触椭圆的尺寸与滚子和滚道的几何尺寸相关，通过下列方程计算：

$$\begin{aligned}
a &= a^* \left[\frac{3Q}{2\sum\rho} \left(\frac{1-\mu_1^2}{E_1} + \frac{1-\mu_2^2}{E_2} \right) \right]^{1/3} \\
b &= b^* \left[\frac{3Q}{2\sum\rho} \left(\frac{1-\mu_1^2}{E_1} + \frac{1-\mu_2^2}{E_2} \right) \right]^{1/3}
\end{aligned} \tag{2-20}$$

式中，曲率和为 $\sum\rho = (\rho_{11} + \rho_{12}) + (\rho_{21} + \rho_{22})$，$\rho_{11}$、$\rho_{12}$、$\rho_{21}$、$\rho_{22}$ 分别为两个接触面的两个主曲率。在计算单排四点接触球轴承时，定义钢球为第一接触面，滚道为第二接触面，曲率凸为正，凹为负，则有

$$\begin{aligned}
\rho_{11} &= \frac{1}{R_{11}}, \quad \rho_{12} = \frac{1}{R_{12}} \\
\rho_{21} &= -\frac{1}{R_{21}}, \quad \rho_{22} = \pm\frac{1}{R_{22}}
\end{aligned} \tag{2-21}$$

式中，为内圈时 ρ_{22} 取正号，为外圈时 ρ_{22} 取负号。

E_1、μ_1 和 E_2、μ_2 分别对应两个接触面接触材料的弹性模量与泊松比，若滚子与滚道材料相同，则

$$E_1 = E_2, \quad \mu_1 = \mu_2$$

系数 a^*、b^* 计算公式如下：

$$a^* = \left(\frac{2k^2 E}{\pi}\right)^{1/3}$$

$$b^* = \left(\frac{2E}{\pi k}\right)^{1/3} \tag{2-22}$$

其中，k 为椭圆偏心率参数；E 和 F（在式 (2-23) 中）为两类椭圆积分，三者之间具有以下关系：

$$F(\rho) = \frac{\left(k^2+1\right)E - 2F}{\left(k^2-1\right)E}$$

$$E = \int_0^{\pi/2}\left[1 - \left(1 - \frac{1}{k^2}\right)\sin^2\phi\right]^{1/2}\mathrm{d}\phi \tag{2-23}$$

$$F = \int_0^{\pi/2}\left[1 - \left(1 - \frac{1}{k^2}\right)\sin^2\phi\right]^{1/2}\mathrm{d}\phi$$

曲率差为

$$F(\rho) = \frac{\left(\rho_{11} - \rho_{12}\right) + \left(\rho_{21} - \rho_{22}\right)}{\sum \rho} \tag{2-24}$$

轴承的设计参数已知，即接触面的主曲率都可计算。联立式 (2-19)～式 (2-23) 可求出接触椭圆尺寸和最大接触应力 $\sigma_{\max}$。根据 GL 规范，轴承设计应满足如下要求：

$$f^{1/3}\frac{[\sigma]}{\sigma_{\max}} > 1.1 \tag{2-25}$$

一般对球轴承而言，$[\sigma] = 4200\mathrm{MPa}$。

f 为硬度修正系数，通过式 (2-26) 计算：

$$f = 1.5\left(\frac{\mathrm{HV}}{800}\right)^2 \tag{2-26}$$

式中，HV 为滚道表面维氏硬度。

②疲劳载荷处理。

轴承设计时可通过如下等效公式将时序载荷和 LDD 载荷进行等效，从而验证轴承的疲劳寿命能否满足设计要求：

$$F_{equ} = \sqrt[p]{\frac{\sum\limits_i F_i^p n_i}{N}} \tag{2-27}$$

式中，F_{equ} 为等效载荷；F_i 为每个载荷区间的载荷；n_i 为该载荷区间的轴承转数；N 为轴承总转数。

等效载荷可根据式(2-28)转化为轴承等效载荷：

$$\begin{aligned} F_{aequ} &= F_{zequ} \\ F_{requ} &= \sqrt{F_{xequ}^2 + F_{yequ}^2} \\ M_{equ} &= \sqrt{M_{xequ}^2 + M_{yequ}^2} \end{aligned} \tag{2-28}$$

轴承的寿命计算依据式(2-29)：

$$L_{10} = a_1 a_2 a_3 \left(\frac{C_a}{P_{ea}}\right)^3 \times 10^6 \tag{2-29}$$

式中，L_{10} 为轴承90%可靠性寿命；a_1 为可靠性修正系数，取1；a_2 为材料修正系数，根据滚道表面硬度确定；a_3 为支撑结构柔性修正系数，取0.85；C_a 为轴承额定载荷；P_{ea} 为当量轴承载荷。

a_2 计算公式如下：

$$a_2 = \left(HRC/58\right)^{10.8} \tag{2-30}$$

式中，HRC 为轴承滚道的洛氏硬度。

C_a 计算公式如下：

$$C_a = 3.647 f_{cm} (i\cos\alpha)^{0.7} Z^{2/3} D_w^{1.4} \tan\alpha \tag{2-31}$$

式中，f_{cm} 为轴承结构系数，可查表求得，见表 2-18；i 为轴承列数；α 为轴承接触角；D_w 为滚子直径。

表 2-18　f_{cm} 取值表

γ	f_{cm}
0.001	66.36
0.002	77.41
0.004	90.3

续表

γ	f_{cm}
0.006	98.81
0.008	105.32
0.01	110.65
0.02	128.91
0.03	140.76
0.04	149.6
0.05	156.61
0.06	162.32
0.07	167.07
0.08	171.03
0.09	174.35
0.1	177.12

注：$\gamma = \dfrac{D_w \cos\alpha}{D_{pw}}$，$\gamma$ 为中间值，可通过线性插值求得。

当量轴承载荷 P_{ea} 根据式(2-32)计算：

$$P_{ea} = 0.75F_{requ} + F_{aequ} + \frac{2M_{equ}}{D_{pw}} \tag{2-32}$$

式中，D_{pw} 为轴承回转直径。

③齿轮计算。

变桨轴承以电变桨的应用最广，电变桨需要齿轮啮合来驱动，齿轮载荷一般以极限载荷和 LDD 载荷两种形式给出。

齿轮强度计算应依据 GB/T/ISO 6336，计算结果应满足 GL 的规定：齿轮的表面极限安全系数不小于 1.1，齿根极限安全系数不小于 1.2，齿轮的表面耐久性安全系数不小于 1.1，齿根耐久性安全系数不小于 1.25。

④润滑及密封。

变桨轴承的润滑有自动润滑和手动润滑两种，目前自动润滑形式较为普遍。变桨轴承通常用脂润滑，润滑脂的初始注入量一般为轴承内部空间的 60%～80%，轴承维护注脂量要根据润滑脂的使用寿命进行设计，通常要求一个油脂寿命周期内，轴承内部油脂应至少置换一遍。

轴承的密封一般采用双唇密封，密封应有足够的过盈量，保证运行过程中润滑脂不泄漏，同时轴承上应设置排油通道，保证轴承润滑形成回路。

2.2.4　变桨系统控制策略

1. 变桨系统控制模式

变桨系统的控制主要有以下几个工作模式：

(1)正常工作模式。在正常工作模式下，变桨系统接收主控指令，通过控制桨叶角度变化来控制叶轮转速。

(2)正常停机模式。在正常停机模式下，变桨系统接收主控指令，通过控制桨叶运行至预设安全位置，实现风力发电机组的气动制动停机。

(3)紧急停机模式。在紧急停机模式下，变桨系统不接收主控指令，由变桨系统本地控制器控制桨叶运行至预设安全位置，实现风力发电机组的气动制动停机。

(4)维护模式。维护模式供维护人员进入轮毂进行作业，变桨系统满足一定条件进入手动维护模式后，不再执行主控指令，需要使用手动操作盒来控制变桨。

2. 变桨系统控制技术

变桨系统是风力发电机组最为重要的执行机构之一，机组大型化和低风速应用对变桨系统响应性能提出了更高的要求。

变桨系统控制框图如图 2-39 所示。在变桨系统的主控单元采用串级控制系统策略，外环为主控制环，变桨系统主控制器接收风力发电机组控制器通过总线发来的位置指令，接收变桨电机编码器反馈的桨叶位置。经过 PLC 内部的位置环经

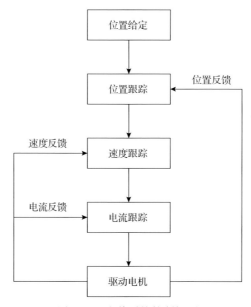

图 2-39　变桨系统控制框图

过 PID 运算得到速度指令；内环为副控制器，通过采集电机的速度信号并结合变桨系统给出的速度指令，通过速度环控制器直接调节电机的状态。以上控制策略具备响应速度快、控制精度高的特点，对于低风速风力发电机组大叶片的特性具备较好的控制效果。

变桨系统配置永磁同步电机，采用矢量控制方式。变桨通过电机侧旋转变压器获取当前电机转速值，根据程序内设定的减速箱传动比换算为桨叶转速。变桨系统速度限定、转矩限定与位置限定等根据实际使用需要和电机特性参数确定，变桨控制参数根据当前设计值进行初始化。变桨控制参数可通过软件程序装入变桨驱动器，各控制参数可通过软件程序进行设定。变桨控制参数和状态变量等信息在变桨系统中的信息流如图 2-40 所示。

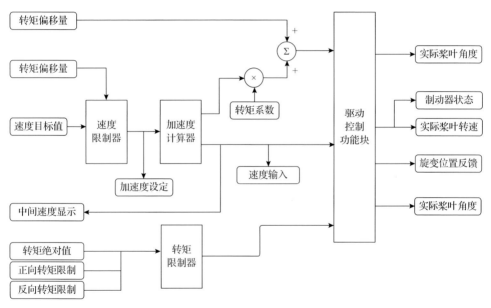

图 2-40　变桨系统信息流

3. 变桨控制安全系统

变桨系统采用三柜结构，每个变桨控制柜有一套独立的变桨控制器，可以独立工作；一台变桨控制柜出现故障，会立即通知其他两台变桨控制柜，将桨叶顺至安全位置。变桨控制安全系统如图 2-41 所示。

机舱安全系统输出的 24V 信号作为每一个变桨控制柜的安全继电器的激励信号，将安全系统信号送至每一个变桨控制柜的变桨控制器，机组出现安全级别故障时会断开 24V 信号，触发变桨系统进入紧急停机模式。

所有的变桨系统安全输出信号串联在一起作为机舱安全系统的输入信号，任

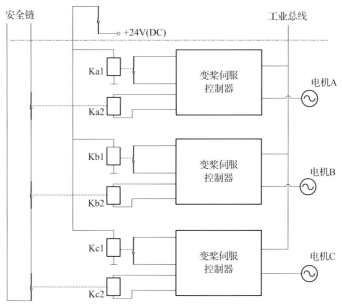

图 2-41　变桨控制安全系统框图

一变桨控制柜发生故障，会断开变桨输出给机舱安全系统的信号。

　　每一个变桨控制柜的变桨控制器通过工业总线与主控通信，如果通信失败，变桨控制器会立即做出紧急动作，将桨叶顺桨至安全位置。同时变桨控制器立即打开安全系统通知其他变桨控制器通信故障，其他变桨控制柜立即执行紧急停机。

　　在风力发电机组发电过程中，通过相关测试传感器对叶轮转速进行监控。当风力发电机的超速模块接收测速传感器发送的信号数据判断叶轮转速异常时，超速模块发出顺桨停机信号，风力发电机整个系统执行顺桨停机操作。在相关的实施应用中，可通过在叶轮轮毂后端面上安装测速传感器，在叶轮转动过程中，通过测速传感器检测识别固定在机舱前端面上的被检测件以获得叶轮转速。在实际应用中，测速传感器存在一定的检测距离限制，若测速传感器安装完成后检测距离不匹配，则测速传感器不能有效检测到被检测件，会导致超速保护装置不能起到有效作用。

2.3　轮　　毂

2.3.1　轮毂概述

　　风力发电机组中，轮毂是用来连接叶片与风轮转轴的固定部分，将叶片的载荷传递到塔架上，同时也是变桨系统等的安装平台。轮毂连接结构示意图如图 2-42 所示。由于轮毂的形状复杂且必须具有很好的金属疲劳特性，轮毂通常采用铸造工艺。作为风力发电机中重要的受力部件，轮毂必须拥有足够的强度和刚度及良好的减振、吸振性能，以减缓叶片对主轴的载荷冲击。

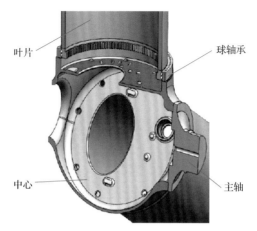

叶片　　　　　　　　　　　　　　　　　球轴承

中心　　　　　　　　　　　　　　　　　主轴

图 2-42　轮毂连接结构示意图

2.3.2　轮毂设计流程

1. 设计输入

设计初始应明确以下输入数据：设计载荷、变桨方式、叶片倾角、变桨系统(变桨驱动、变桨轴承等)尺寸及布置形式、与转子轴接口尺寸等，以上信息确认后开始产品初步设计。

2. 轮毂三维图设计

注意关键部件的接口尺寸，如变桨轴承、变桨驱动、转子轴等。由输入数据确定轮毂结构形式，尽量避免多处复杂结构形式，考虑铸造工艺和形式。采用平滑过渡和圆角设计，以减小几何应力集中。轮毂三维模型如图 2-43 所示。

3. 轮毂载荷计算

轮毂的破坏形式主要有强度破坏和疲劳破坏。轮毂初步三维设计完成后，载荷部门建立计算模型，如图 2-44 所示，进行载荷计算，出具计算报告，轮毂计算结果如图 2-45 所示。

4. 轮毂模型优化

载荷部门提供计算报告后，工程师应详细阅读载荷报告，针对极限载荷和疲劳载荷危险区域进行针对性优化改型。收集所有相关安装产品的三维图，确认接

图 2-43   轮毂三维模型

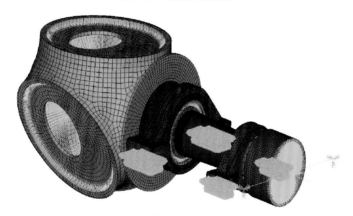

图 2-44   轮毂三维有限元模型

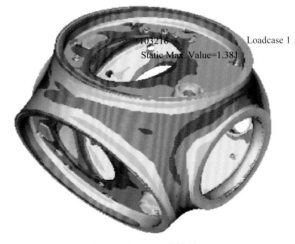

图 2-45   轮毂计算结果

口尺寸及布置方案，进行详细优化设计，建立对应的装配图，检查是否干涉等。

5. 载荷再计算

轮毂详细设计完毕后，再次进行载荷计算。若通过计算，则进入结构评审和工程图绘制阶段，否则继续优化改进。

6. 工程图绘制

三维图完全确认后绘制工程图，工程图尺寸要和三维图一一对应，规范化、模式化绘图。按照最佳的加工精度和经济性进行尺寸公差、形位公差的标注。对关键尺寸、主体结构等进行审核，不合格进行修改，合格则可以出图。

2.3.3 轮毂结构形式

1. 刚性轮毂

三叶片风轮大部分采用刚性轮毂，刚性轮毂制造成本低、没有磨损、维护少，但要承受所有风轮受到的力和力矩，承受风轮载荷高。刚性轮毂是风力发电机组中最常见的轮毂结构。

2. 铰链式轮毂

铰链式轮毂常用于单叶片或双叶片风轮，叶片在挥舞方向和摆动方向中有自由铰链，叶片在挥舞方向和摆动方向可以自由活动。但铰链式轮毂制造成本高，可靠性相对较低，维护费用高；与刚性轮毂相比，所受力和力矩较小。

2.3.4 轮毂形状

轮毂是结构特殊、形状复杂、体积大、加工难度大、加工质量风险高的零件。根据形状的不同轮毂可分为三角形和球形两种(图 2-46)。

(a) 三角形轮毂　　　　　　　(b) 球形轮毂

图 2-46　轮毂形状

2.3.5　轮毂设计依据

轮毂的设计依据标准如下：

(1) GL 设计规范；

(2) GB/T 25390—2010《风力发电机组 球墨铸铁件》；

(3) GB/T 1348—2019《球墨铸铁件》；

(4) DIN EN 12680-2024《铸造 超声波检验》、EN 1369-2012《铸造 磁粉检验》；

(5) GB/T 229—2020《金属材料 夏比摆锤冲击试验方法》；

(6) EN 1563-2018《铸造 球墨铸铁件》；

(7) ISO 8062-2007《铸件尺寸公差和加工余量》；

(8) GB/T 9441—2021《球墨铸铁金相检验》。

参 考 文 献

[1] 邱冠雄, 刘良森, 姜亚明. 纺织复合材料与风力发电[J]. 纺织导报, 2006, (5): 56-61, 64, 95.

[2] 张定金. 风电叶片产业发展对化工新材料提出更高要求[J]. 粘接, 2010, 31(8): 18-20.

[3] 聂思洋, 李佳. 风电叶片制作工艺: 中国, CN115674731A[P]. 2023.02.03.

[4] 谢晓芳, 卞子罕. 国外风力机叶片材料的新进展[J]. 玻璃钢, 2006, (4): 21-25.

[5] 孙根宝, 陈宁凯, 吕永根. 纺织品在风力发电机叶片中的应用[J]. 产业用纺织品, 2011, 29(10): 31-34.

[6] 李娟. 复合材料风机叶片材料及工艺进展[J]. 第十七届玻璃钢/复合材料学术年会, 2008: 350-352.

[7] 周红丽, 王红, 罗振, 等. 风力发电复合材料叶片的研究进展[J]. 材料导报, 2012, 26(3): 65-68.

[8] 岳鹭. 碳纤维成型工艺的研究及其在兆瓦级风力机叶片中的应用[D]. 淮南: 安徽理工大学, 2014.

[9] 李军向, 薛忠民, 王继辉, 等. 大型风轮叶片设计技术的现状与发展趋势[J]. 玻璃钢/复合材料, 2008, (1): 48-52.

[10] 朱金凤. 风电叶片用创新材料纵览[J]. 电气制造, 2011, (7): 38-39.

[11] 查文海. 风电发展状况及风电用环氧材料市场调研报告[C]. 第十三次全国环氧树脂应用技术学术交流会, 2009: 47-56.

[12] Jin F L, Li X, Park S J. Synthesis and application of epoxy resins: A review[J]. Journal of Industrial and Engineering Chemistry, 2015, (29): 1-11.

[13] 美制成碳纳米管增强型风电叶片[J]. 机电一体化, 2011, 17(10): 12.

[14] 路超, 刘宾宾, 杨朋飞. 风轮叶片中夹芯材料选取的分析[J]. 风能, 2016, (9): 72-74.

[15] 刘魁. 风电叶片玻璃钢/复合材料夹层结构的泡沫芯材[J]. 塑料工业, 2011, 39(11): 104-106.

[16] 贾云龙, 杨足明, 聂晓燕, 等. 风电叶片用双组分聚氨酯胶粘剂的研制[J]. 粘接, 2009,

30(2): 43-47.

[17] 胡梅, 吴飞, 周晶晶. 风电叶片用胶粘剂研究现状[J]. 船电技术, 2012, 32(7): 28-30.

[18] 顾明泉, Michael K. 纤维增强复合材料应用中的高性能结构胶研究进展[C]. 北京国际粘接技术研讨会暨亚洲粘接技术研讨会, 2013: 516-525.

[19] 张文毓. 风电叶片防护涂料的研究进展[J]. 上海涂料, 2014, 52(10): 38-41.

[20] 芮晓明, 柳亦兵, 马志勇, 等. 风力发电机组设计[M]. 北京: 机械工业出版社, 2010.

[21] 王恭喜. 大型复合材料风力机叶片结构设计及实验研究[D]. 兰州: 兰州理工大学, 2018.

[22] 徐新华. 风机叶片中 T 型螺栓和预埋螺栓对比分析[J]. 广州化工, 2011, 39(24): 116-117.

[23] 王同光, 李慧, 陈程, 等. 风力机叶片结构设计[M]. 北京: 科学出版社, 2015.

[24] 丁锡洪. 结构力学[M]. 北京: 航空工业出版社, 1991.

[25] 薛彩虹, 李军向, 王超, 等. 复合材料风电叶片有限元建模和屈曲稳定性分析[J]. 玻璃钢/复合材料, 2014, (1): 4-7.

[26] Schaarup J. Guidelines for Design of Wind Turbines[Z]. Hamburg: Germanischer Lloyd Industrial Services GmbH, 2010.

[27] 傅程, 张方慧. 风轮叶片疲劳实验加载设计[J]. 中国机械工程, 2018, 29(6): 743-747.

[28] 中国航空研究院. 复合材料结构设计手册[M]. 北京: 航空工业出版社, 2001.

[29] 王毅, 韩光平, 冯锡兰. 复合材料层合板疲劳损伤研究[J]. 热加工工艺, 2013, 42(10): 129-132.

[30] 李慧. 大型风力机叶片结构/力学设计与分析[D]. 南京: 南京航空航天大学, 2010.

[31] 赵静, 李美之, 闫文娟. 纤维增强复合材料风轮叶片设计实验验证[C]. 第十五届中国科协年会, 2013: 99-103.

[32] 闫文娟, 韩新月, 程朗, 等. 大型风电叶片的结构分析和测试[J]. 可再生能源, 2014, 32(8): 1140-1143.

[33] 闫文娟, 陶生金, 吉翔. 高模玻纤单向布在风电叶片上的应用[J]. 玻璃钢/复合材料, 2014, (4): 51-53.

[34] 杨校生. 风力发电技术与风电场工程[M]. 北京: 化学工业出版社, 2012.

[35] Risφ国家实验室, 挪威船级社. 风力发电机组设计导则[M]. 杨校生, 等译. 北京: 机械工业出版社, 2011.

[36] 严刚峰. 电动变桨距控制系统设计技术问题的探讨[J]. 应用能源技术, 2019, (2): 43-47.

[37] 窦真兰, 王晗, 凌志斌, 等. 电动变桨距控制系统设计与实现[J]. 电力电子技术, 2011, 45(7): 1-4.

[38] 郭晓宇. 超级电容在变桨系统中的应用[J]. 中国设备工程, 2019, (1): 115-116.

[39] 国家能源局. 风力发电机组电动变桨控制系统技术规范[S]. NB/T 31018—2018. 北京: 中国电力出版社, 2018.

第3章 传动链系统

3.1 传动链系统概述

风力发电机组机舱如图 3-1 所示，主要包含传动链系统、偏航系统、机架和各种辅助系统、维护系统等，机舱是风力发电机组的核心部分，是能量转换环节中最复杂的部分，传动链系统是最关键的能量传递、转换路径。

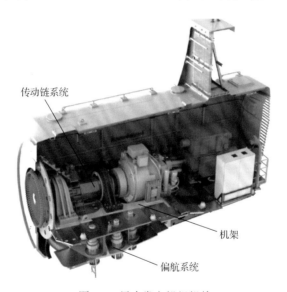

图 3-1　风力发电机组机舱

传动链系统主要包含浮动轴承、主轴、推力轴承、齿轮箱、联轴器和发电机等，如图 3-2 所示。

另外，传动链上还有配套辅助部件，如齿轮箱弹性支撑、齿轮箱高速轴制动器、发电机弹性支撑等，用于支撑、保护传动链系统。

低风速风力发电机组由于长叶片、高塔筒的结构特点，加之载荷多变，对传动链系统又有更加独特的要求，除正常传递转换能量，还应能适应非线性几何变形、高湍流风载冲击等。

下面逐个介绍传动链系统各子系统的功用和设计要点。

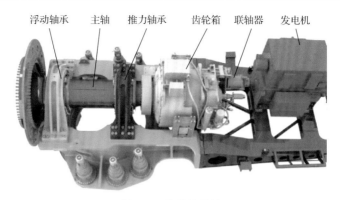

浮动轴承　主轴　推力轴承　齿轮箱　联轴器　发电机

图 3-2　传动链系统

3.2　主　　轴

3.2.1　功能

主轴前端通过双头螺柱与轮毂刚性连接，后端与齿轮箱低速轴相连，安装于风轮和齿轮箱之间，作为传动链系统的一部分，用于将来自风轮的旋转机械能传递给齿轮箱。

3.2.2　结构

主轴主要承受轴向力、径向力、弯矩、转矩、剪切力等载荷以及来自支点的支反力，受力大且受力形式较为复杂，所有载荷会在风力发电机的运行过程中交替循环，通常对主轴在机械性能方面有严格的要求。

如图 3-3 所示，主轴会根据载荷及受力情况做成变截面结构，其轴心通常加

图 3-3　主轴

工有轴向通孔，一是可有效改善受扭变形，二是可应对大载荷产生的变形，不发生内腔损坏，另外还便于控制机构、液压、电气等连接线路通过。

个别机型主轴形状根据传动链系统的布置形式设计成异型，如图 3-4 所示。

图 3-4　异型主轴

3.2.3　支撑方式

风力发电机组传动链系统的布置形式可以按照推力轴承的布置形式分类，主要布置形式有两点支撑、三点支撑、单点支撑三种方式。

1. 两点支撑

两点支撑如图 3-5 所示，传动链上为两个推力轴承支撑。靠近风轮的轴承承受轴向载荷，两个轴承都承受径向载荷，轴承将推力轴承受的弯矩传递给机架。因此，只有主轴的转矩传递到齿轮箱。目前两点支撑轴承多采用两个调心滚子轴承或一个调心滚子轴承和一个圆锥轴承组合。

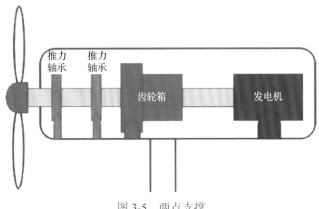

图 3-5　两点支撑

两点支撑形式下，风力发电机组的轴向长度较大，机组重量随之升高。因此，这种支撑方式的制造成本相对较高，但其优点在于结构简单，可靠度高，各部件国内外技术成熟度较高，可以快速完成技术设计。

2. 三点支撑

三点支撑如图 3-6 所示，是指将两点支撑中的后轴承功能集成到齿轮箱内部，省去一个轴承，其推力轴承与齿轮箱两侧的扭力臂形成三点支撑。目前三点支撑的推力轴承多为一个调心滚子轴承。

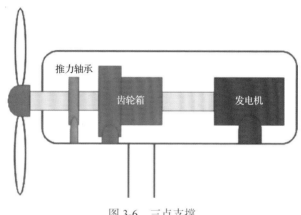

图 3-6　三点支撑

三点支撑缩短了轴向结构长度，并且由于部分部件可实现预装配，其安装效率大大提高。

但该种形式需要齿轮箱输入端轴承承受推力、弯矩等附加载荷，对轴承要求提升，同时还需要扭力臂配合传递推力等载荷，齿轮箱成本较两点支撑式增加较多。

3. 单点支撑

单点支撑如图 3-7 所示，是将主轴与轴承完全集成在齿轮箱内，此种结构相对于前两种支撑形式，传动链最短。在此种情况下齿轮箱轴承、箱体等直接承受载荷。单点支撑下，主轴结构更简单，但对齿轮箱结构设计要求更高，使其结构更为复杂，不易维护。

3.2.4　常用材料

主轴一般情况下采用合金钢作为材料，如 34CrNiMo6、42CrMo 等，紧凑型主轴也有的采用 QT400、QT500 等材料，这些材料通常具有强度高、防腐性能好以及抗低温性能好等优点。

合金钢主轴主要采用锻造加工，QT 材料主轴由于结构较为复杂，多采用铸造

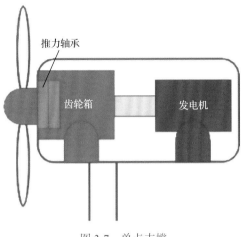

图 3-7　单点支撑

成型的加工方式。

3.2.5　设计关键技术

为应对长叶片大叶轮、高湍流冲击载荷等，低风速风力发电机组主轴目前多以长轴、大直径空腔等结构为主，个别机组为此更设计有卸荷槽、非规则曲线过渡等结构，以适应大变形、高冲击的运行工况。

3.3　推　力　轴　承

3.3.1　功能

推力轴承是传动链系统的核心部件之一，使用环境恶劣(腐蚀、风沙、潮湿和低温)、受载情况复杂，推力轴承需要承受来自叶轮侧径向力、轴向力、弯矩和冲击载荷，同时需要承担叶轮、主轴和齿轮箱等部件的重力载荷，所以推力轴承的设计和选型需要进行充分的分析和计算，以保证其在 20 年寿命内能安全可靠地运行。

3.3.2　结构及类型

根据传动链系统布置的不同，推力轴承可以分为如下类型。

1. 两点支撑轴承布置(球面滚子轴承+球面滚子轴承)

传动链选用两个独立的球面滚子轴承，每个轴承配备独立的轴承座，此种配置方案应用非常广泛，如图 3-8 所示。

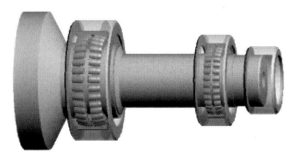

图 3-8　球面滚子轴承+球面滚子轴承布置

两点支撑轴承布置(球面滚子轴承+球面滚子轴承)优点如下:

(1)有很强的径向承载能力,能承受双向轴向载荷;

(2)可补偿轴承座装配误差和主轴挠曲变形,对齿轮箱有较好的保护;

(3)采用浮动轴承+推力轴承布置,分别单独抵消叶轮径向、轴向载荷,故障率低。

两点支撑轴承布置(球面滚子轴承+球面滚子轴承)缺点如下:

对于大叶轮机组,推力轴承内部载荷分布与理论计算差别较大,易产生单侧主要受载。

2. 三点支撑轴承布置(球面滚子轴承)

传动链中只使用一个球面滚子轴承作为推力轴承,配备独立轴承座,此种布置方案应用比较广泛,如图 3-9 所示。

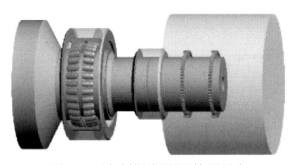

图 3-9　三点支撑(球面滚子轴承)形式

三点支撑轴承布置(球面滚子轴承)优点如下:

(1)采用球面滚子轴承,可补偿轴承内外圈位置偏差;

(2)很强的径向承载能力,可适应长叶片大叶轮产生的径向载荷,特别是冲击载荷,有较好的调心适应能力;

(3)装配、拆卸简单。

三点支撑轴承布置(球面滚子轴承)缺点如下:

（1）齿轮箱轴承需要承受一部分轴向、径向载荷，增加了齿轮箱故障概率；

（2）齿轮箱弹性支撑协助抵消轴向力、径向力和转矩，对弹性支撑的轴向刚度、径向刚度有综合要求，产品设计较复杂。

3. 两点支撑轴承布置（圆柱滚子轴承+双列圆锥滚子轴承）

传动链选用圆柱滚子轴承+双列圆锥滚子轴承，两个轴承共用同一轴承座，如图3-10所示。

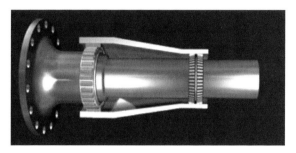

图3-10　圆柱滚子轴承+双列圆锥滚子轴承布置

两点支撑轴承布置（圆柱滚子轴承+双列圆锥滚子轴承）优点如下：

（1）一体式轴承座一体加工完成，轴承座加工精度高，轴承安装孔同心度高；

（2）双列圆锥滚子轴承做定位，圆柱滚子轴承做浮动，可补偿主轴热膨胀；

（3）双列圆锥滚子轴承常采用负的工作游隙，可保证较高刚度和精度的轴向定位，最大限度地降低对齿轮箱的影响。

两点支撑轴承布置（圆柱滚子轴承+双列圆锥滚子轴承）缺点如下：

（1）一体式轴承座重量大、难加工、成本高；

（2）轴承需要预紧精确，调整安装要求高，要有定制的预紧零件或选配工件。

4. 两点支撑轴承布置（单列圆锥滚子轴承+单列圆锥滚子轴承）

传动链选用两个单列圆锥滚子轴承，两个轴承共用同一轴承座，如图3-11

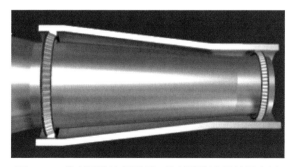

图3-11　单列圆锥滚子轴承+单列圆锥滚子轴承布置

所示。

两点支撑轴承布置(单列圆锥滚子轴承+单列圆锥滚子轴承)优点如下:

(1)一体式轴承座一体加工完成,轴承偏差小;

(2)将装配游隙调整到接近零游隙,可以保证较高刚度和精度的轴向定位,最大限度地降低对齿轮箱的影响。

两点支撑轴承布置(单列圆锥滚子轴承+单列圆锥滚子轴承)缺点如下:

(1)安装时调整轴向游隙,对安装精度要求高,需要安装工人经验丰富;

(2)构件加工精度要求高;

(3)没有热膨胀补偿能力;

(4)运转游隙对温度变化敏感。

5. 单轴承布置(大接触角双列圆锥滚子轴承)

传动链只使用一个大接触角双列圆锥滚子轴承,通常直接与机架相连,如图 3-12 所示。

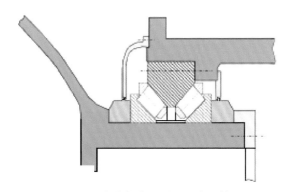

图 3-12 大接触角双列圆锥滚子轴承

单轴承布置(大接触角双列圆锥滚子轴承)优点如下:

(1)一个轴承承受所有来自风载和零部件重量的载荷,可减少零部件数量和尺寸,传动链结构紧凑;

(2)一般采用负的工作游隙,可保证较高刚度和精度的轴向定位;

(3)内/外圈和轴/座连接可采用螺栓连接,降低跑圈的概率;

(4)装配、拆卸简单。

单轴承布置(大接触角双列圆锥滚子轴承)缺点如下:

(1)轴承成本高;

(2)轴承径向尺寸大;

(3)工作游隙需在装配时调整。

3.3.3　选型设计关键技术

GL 认证标准对推力轴承计算寿命进行了规定,要求极限载荷下静载安全系数 $S_0 \geqslant 2.0$,计算方法参见 ISO 76-2006《滚动轴承 静载荷额定值》;疲劳载荷下修正额定寿命为 $L_{10mh} \geqslant 130000h$,计算方法参见 ISO 281-2007《滚动轴承 额定动载荷和额定寿命》;修正参考额定寿命 $L_{10mhr} \geqslant 175000h$,计算方法参见 ISO/TS 16281-2008《滚动轴承 通用装载轴承用改良参考额定寿命的计算方法》。推力轴承供应商一般均对接触应力进行了规定,要求极限工况下最大接触应力小于 2500MPa,某些供应商做出了更严格的规定。

1. 载荷计算

风力发电机组推力轴承寿命计算首先需要确定轴承载荷,机组传动链布局及轮毂中心极限载荷如图 3-13 所示。

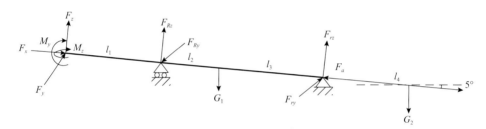

图 3-13　传动链布局及轮毂中心极限载荷分布示意图

图 3-13 中, F_x、F_y、F_z、M_y、M_z 为轮毂中心载荷,根据图 3-13 列写平衡方程如下。

x 方向力平衡方程:

$$F_x + G_1 \sin 5° + G_2 \sin 5° = F_a \tag{3-1}$$

y 方向力平衡方程:

$$F_{ry} - F_{Ry} = F_y \tag{3-2}$$

z 方向力平衡方程:

$$F_z + G_1 \cos 5° + G_2 \cos 5° = F_{Rz} + F_{rz} \tag{3-3}$$

y 方向力矩平衡方程:

$$M_z + F_{Ry}l_1 = F_{ry}(l_1 + l_2 + l_3) \tag{3-4}$$

z 方向力矩平衡方程：

$$M_y + (l_1 + l_2)G_1 \cos 5° + (l_1 + l_2 + l_3 + l_4)G_2 \cos 5° = F_{Rz}l_1 + F_{rz}(l_1 + l_2 + l_3) \tag{3-5}$$

求解上述平衡方程，就可得到浮动轴承和推力轴承的径向力 F_r 和轴向力 F_a。

2. 当量载荷

轴承当量载荷：

$$P = xF_r + yF_a \tag{3-6}$$

式中，x、y 取值见表 3-1。

表 3-1　轴承当量载荷 x 和 y

轴承类型	$F_a/F_r \leqslant 0$		$F_a/F_r > 0$		e
	x	y	x	y	
单列	1	0	0.4	$0.4\tan\alpha$	$1.5\tan\alpha$
双列	1	$0.45\tan\alpha$	0.67	$0.67\tan\alpha$	$1.5\tan\alpha$

注：α 为接触角。

3. 等效载荷

整个寿命期当量载荷可按式(3-7)进行计算：

$$P = \sqrt[p]{\frac{\sum\limits_i P_i^p \cdot n_i}{N}} \tag{3-7}$$

式中，P_i 为等效动态轴承载荷；p 为寿命指数，滚动轴承取 10/3，球轴承取 3；n_i 为等效载荷 P_i 对应的轴承转数；N 为设计寿命期内轴承总转数。

4. 寿命计算

轴承寿命是指在内圈滚道、外圈滚道或滚动体首次出现金属剥落之前，轴承以一定速度运行所能达到的旋转次数或工作小时数。

轴承基本额定寿命为

$$L_{10} = \left(\frac{C}{P}\right)^p \tag{3-8}$$

式中，L_{10} 为基于 90% 可靠性的额定寿命(百万转)；C 为基本额定动载荷(kN)。

5. 接触应力计算

关于赫兹接触理论和推导属于弹性力学的范畴，这里不做详细推导，直接给出计算方法和公式，首先定义接触面的曲率和与曲率差。

曲率和：

$$\sum \rho = \left(\rho_{11} + \rho_{12}\right) + \left(\rho_{21} + \rho_{22}\right) \tag{3-9}$$

曲率差：

$$F(\rho) = \frac{\left(\rho_{11} - \rho_{12}\right) + \left(\rho_{21} - \rho_{22}\right)}{\sum \rho} \tag{3-10}$$

式中，ρ_{11}、ρ_{12}、ρ_{21}、ρ_{22} 分别为两个接触面的两个主曲率。

一般来说，点接触的接触区域为一椭圆，线接触的接触区域为一矩形。调心滚子轴承比较特殊，属于线接触的状况，但接触区域为一长椭圆，长轴要远大于短轴。椭圆的参数和变形按下述公式计算：

$$
\begin{aligned}
a &= a^* \left[\frac{3Q}{2\sum \rho} \left(\frac{1-\mu_1^2}{E_1} + \frac{1-\mu_2^2}{E_2} \right) \right]^{1/3} \\
b &= b^* \left[\frac{3Q}{2\sum \rho} \left(\frac{1-\mu_1^2}{E_1} + \frac{1-\mu_2^2}{E_2} \right) \right]^{1/3} \\
\delta &= \delta^* \frac{\sum \rho}{2} \left[\frac{3Q}{2\sum \rho} \left(\frac{1-\mu_1^2}{E_1} + \frac{1-\mu_2^2}{E_2} \right) \right]^{2/3}
\end{aligned}
\tag{3-11}
$$

式中，$E_i(i=1,2)$ 和 $\mu_i(i=1,2)$ 分别为对应材料的弹性模量与泊松比。

式(3-11)中的系数 a^*、b^* 和 δ^* 计算公式如下：

$$
\begin{aligned}
a^* &= \left(\frac{2k^2 E}{\pi} \right)^{1/3} \\
b^* &= \left(\frac{2E}{\pi k} \right)^{1/3} \\
\delta^* &= \frac{2F}{\pi} \left(\frac{\pi}{2k^2 E} \right)^{1/3}
\end{aligned}
\tag{3-12}
$$

式中，k 为椭圆偏心率参数，E 和 F 为两类椭圆积分，三者之间具有以下关系：

$$F(\rho) = \frac{\left(k^2 + 1\right)E - 2F}{\left(k^2 - 1\right)E}$$

$$E = \int_0^{\pi/2} \left[1 - \left(1 - \frac{1}{k^2}\right)\sin^2\phi\right]^{1/2} \mathrm{d}\phi \qquad (3\text{-}13)$$

$$F = \int_0^{\pi/2} \left[1 - \left(1 - \frac{1}{k^2}\right)\sin^2\phi\right]^{-1/2} \mathrm{d}\phi$$

对于曲率差 $F(\rho)$ 给定的接触面，上述系数 a^*、b^* 和 δ^* 可根据表 3-2 得到。

表 3-2　接触参数表

$F(\rho)$	a^*	b^*	δ^*
0	1	1	1
0.1075	1.076	0.9318	0.9974
0.3204	1.2623	0.8114	0.9761
0.4795	1.4556	0.7278	0.9429
0.5916	1.644	0.6687	0.9077
0.6716	1.8258	0.6245	0.8733
0.7332	2.011	0.5881	0.8394
0.7948	2.265	0.548	0.7961
0.83495	2.494	0.5186	0.7602
0.87366	2.8	0.4863	0.7169
0.90999	3.233	0.4499	0.6636
0.93657	3.738	0.4166	0.6112
0.95738	4.395	0.383	0.5551
0.9729	5.267	0.349	0.496
0.983797	6.448	0.325	0.4352
0.990902	8.062	0.2814	0.3745
0.995112	10.222	0.2497	0.3176
0.9973	12.789	0.2232	0.2705
0.9981847	14.839	0.2027	0.2127
0.9989156	17.947	0.18822	0.2106
0.9994785	23.55	0.16442	0.17167
0.9998527	37.38	0.1305	0.11995
1	∞	0	0

通过以上关系可求得接触面积和变形，而最大接触应力为

$$\sigma_{\max} = \frac{3Q}{2\pi ab} \tag{3-14}$$

为应对低风速风力发电机组载荷冲击大、高周疲劳突出的特性，当前对推力轴承采用如下设计方法：

(1)适当提升安全裕量，如德国舍弗勒 FAG 轴承、瑞典斯凯孚 SKF 轴承、洛阳 LYC 轴承等轴承厂家静强度极限接触应力安全系数控制在 0.3 以上，以较小的重量、尺寸提升，换取整体传动链系统的安全稳定性。

(2)采用整体协同设计方法，将推力轴承、轴承座、主轴等装至机架等结构部件，整体进行有限元分析计算，采用多体动力学协同设计来复核推力轴承的变形、受力情况，以求真实再现运行工况，确保轴承安全。

3.4　齿　轮　箱

3.4.1　功能

齿轮箱是传动链系统中的重要部件，能量通过风轮叶片由风轮主轴传递至齿轮箱，最后通过柔性联轴器传递至发电机。

齿轮箱的主要作用是增速，即把叶轮输入的低转速、大转矩转换成高转速、小转矩输出给发电机。

目前用量最大的双馈机型齿轮箱大多为行星轮系+平行轴传动的结构形式。

3.4.2　结构及类型

按照齿轮箱的传动形式，齿轮箱分为以下五种结构。

1. 一级行星轮系+两级平行轴系形式齿轮箱

为取得高功率密度和大速比，行星级的行星架将动力多分路分流到多个行星轮，再汇集到太阳轮上传至平行轴齿轮，常用功率在 2MW 以下。齿轮箱的设计结构随机组传动轴系的布置方式而定，与主轴一起适用于两点或三点支撑。胀紧套(又称锁紧盘)连接主轴和齿轮箱输入轴(行星架)，固定端设在主轴上，行星架轴承(或箱体)应能轴向浮动。行星架采用双支撑以提高结构刚度，常用三行星轮结构；采用斜齿轮，使传动平稳，并降低噪声。

2. 两级行星轮系+一级平行轴系形式齿轮箱

两级行星轮系+一级平行轴齿轮传动，不仅在风电领域应用广泛，在其他行业

也有较多应用实例，功率可达 2.5～5MW。其采用两级太阳轮-单组行星轮-齿圈 (NGW)行星传动，两级齿圈均固定，太阳轮浮动以利于轮系的均载。

该种结构齿轮箱的特点是结构紧凑、直径小、轴向比较长、体积比较小和重量比较轻，可实现的速比范围较大，能够实现 70～130 的任意速比，同时通过扩大齿轮箱直径，可以实现较大功率的传动。

3. 复合行星轮系+平行轴系形式齿轮箱

该结构重点在于齿圈输入，行星轮为双联行星，行星轮轴通过轴承连接到箱体上，行星齿轮上轴承外圈与箱体连接，行星轮无公转只有自转。Renk 公司常用此技术，根据相关资料，该技术路线的最大功率能够达到 5MW。

该结构的特点是：①两级行星轮的行星销轴可以轴向浮动，有利于整个机构的均载；②轴承是风电齿轮箱中最薄弱的零件之一，采用固定轴式的行星传动，这意味着齿轮箱中的轴承将是固定不动的，便于对轴承进行强制润滑，避免齿轮箱中轴承的失效风险；③由于第一级行星传动的内齿圈与箱体分离，此种结构可以有效地减小第一级齿轮传动所产生的振动；④行星轮不再承受交变载荷，其安全系数及可靠性大幅提升；⑤由于该技术路线的结构特点，齿轮箱维修起来较其他齿轮箱技术路线更为便捷，可以从高速轴方向将内部零件全部抽出进行更换或维修。

4. 差动行星轮系形式齿轮箱

如何实现在齿轮箱承载能力最大时齿轮箱体积和重量最小，即功率密度最大化，是所有齿轮箱设计者的最终目标。功率分流技术为该目标的实现提供了一条便捷途径，差动行星轮系是为实现功率分流普遍采用的办法，主要用于 3MW 及以上的风电齿轮箱，德国博世公司(BOSCH)、美国都福集团(MAAG)主要采用此技术。

3.4.3　结构组成

按照部件类型，齿轮箱含有以下六类零部件。

1. 行星轮系+平行轴系

风力发电机组齿轮受风力负荷，此负荷变化极大，因此齿轮采用抗低温冲击、韧性高的渗碳淬火材料。内齿圈根据设计载荷采用中硬齿面(调质+表面氮化)或硬齿面(渗碳淬火)，精度为 7 级。其他外齿轮/齿轮轴为渗碳淬火硬齿面齿轮，渗碳淬火后磨齿，齿面硬度为(60±2)HRC，精度 6 级。根据等强度原则使各级传动中的承载能力大致相等，齿轮几何尺寸参照 GB/T 1356—2001《通用机械和重型机

械用圆柱 齿轮 标准基本齿条齿廓》进行计算。齿轮接触疲劳强度、弯曲疲劳强度参照 GB/T 3480《直齿轮和斜齿轮承载能力计算》渐开线圆柱齿轮承载能力计算方法进行计算。

基于以上技术的齿轮传动优点如下：

(1)体积小、质量轻、结构紧凑、承载能力大。一般承受相同的载荷条件下，行星齿轮传动的外廓尺寸和质量约为普通齿轮传动的 1/5～1/2。

(2)传动效率高。由于齿轮传动结构的对称性，作用于齿轮和轴承中的反作用力能相互平衡，有利于达到提高传动效率的作用。

(3)传动比较大。在仅作为传递运动的齿轮传动中，传动比可达到几千。齿轮传动在其传动比很大时，仍然可保持结构紧凑、质量轻、体积小等优点。

(4)运动平稳、抗冲击和振动能力强。

对于行星轮系，由于其采用了均载机构，即数个结构相同的行星轮均匀地分布于中心轮的周围，可使行星轮与转臂的受力平衡。同时，也使参与啮合的齿数增多，进而提高了齿轮的承载能力、啮合平稳性和可靠性。对于平行轴系，采用斜齿传动，运动平稳。

2. 轴承

风力发电机组振动大，对轴承的安装有严格的工业标准。振动会传到轴承滚道内使滚道产生磨损毛刺，破坏轴承滚道的润滑，造成轴承失效。

由于不同材料之间不易产生磨损破坏，箱体采用了球墨铸铁，可以利用球墨铸铁较高的韧性、塑性、低温抗冲击值减少对轴承的有害影响。根据轴承动静负荷的计算方法，按照风力发电机组对轴承寿命的要求，对轴承寿命进行校核计算。

目前风电行业多选用进口轴承(SKF、FAG、NSK、NKE、TIMKEN 等)。随着国内轴承技术的逐步提高，未来齿轮箱的轴承国产化指日可待。

风电齿轮箱轴承主要类型有圆柱滚子轴承、调心滚子轴承、圆锥滚子轴承和四点接触球轴承。

圆柱滚子轴承为滚子与滚道线接触的轴承，其负荷能力大，主要承受径向负荷；滚动体与套圈挡边摩擦小，适于高速旋转。该类轴承是内圈、外圈可分离的结构。其内圈或外圈无挡边的圆柱滚子轴承，轴承的内圈和外圈可以沿轴向相对移动，即可以作为自由端轴承使用；其内圈和外圈的某一侧有双挡边，另一侧的套圈有单个挡边的圆柱滚子轴承，可以承受一定程度某一方向的轴向负荷。圆柱滚子轴承按套圈有无挡边，可以分为 NU、NJ、NUP 等系列。

调心滚子轴承的特点是外圈滚道呈球面形，具有自动调心性，可以补偿不同心度和轴挠度造成的误差，但其内、外圈相对倾斜度不得超过 3°。

圆锥滚子轴承主要承受以径向为主的径、轴向联合载荷。轴承承载能力取决于外圈的滚道角度，角度越大承载能力越大。该类轴承属分离型轴承，根据轴承中滚动体的列数分为单列、双列和四列三类。单列圆锥滚子轴承游隙需用户在安装时调整；双列圆锥滚子轴承和四列圆锥滚子轴承游隙已在产品出厂时依据用户要求给定，不须用户调整。即使在高速时圆锥滚子轴承也承受很高的径向和轴向负载。

四点接触球轴承从根本上说是带一个分离内环(即内环分成两半)的单列角接触球轴承，该类轴承可分离。滚道和球的接触几何关系是四点接触，只设计滚道(即哥特式尖拱)，这使得轴承能够承受双向等值的轴向负载。在外圈的某一面设有定位沟槽以防止外圈意外转动。

3. 锁紧盘

齿轮箱输入轴端与主轴通过锁紧盘连接，输出轴通过膜片式联轴器与发电机相连接。中耳依靠弹性支撑固定，弹性支撑上下各有一个调整螺钉，可以调整齿轮箱的上下位置。弹性支撑两侧各用螺栓将中耳与机架相连接。

4. 润滑系统

润滑系统必须保证对齿轮箱内的运动部件强制润滑，对油液进行过滤和散热。润滑系统由电动泵、过滤装置、机械泵、油风冷却器、压力传感器、连接管路等组成。电动泵、机械泵同时向系统供油，润滑油经过滤装置过滤后到温控阀，温控阀根据润滑油的温度自动控制润滑油的流向。当油温低于45℃时，润滑油直接进入齿轮箱；当油温高于45℃时，温控阀开始动作，润滑油经冷却器冷却后再进入齿轮箱。在齿轮箱的入口和油泵的出口均装有压力传感器用于检测润滑油的压力。

润滑系统的过滤装置为双精度过滤器，即50μm的粗过滤和10μm的精过滤。在过滤器上装有压差发讯器，当滤芯堵塞，压力差达到3bar(1bar=10^5Pa)时压差发讯器发讯，提示更换滤芯。油风冷却器用于冷却齿轮箱的润滑油，由电机、高性能轴向风扇、散热片和旁通阀等组成。润滑系统必须有安全阀，以防止压力过高对系统元件造成损坏；必须考虑能够随时排出系统中的气泡，因为气泡对齿轮箱会造成损坏。润滑系统的冷却器要有足够的散热能力，同时风扇要有足够的空气流量将舱室内的热空气排出舱室外。

5. 加热器

齿轮箱系统包括电加热器，温度过低时会自启动，保持油温在合理范围。冬季低温状态时，由于润滑油黏度太大，液流压力损失和发热大，系统效率降低，机组启动必须考虑对油液加热。当油温低于10℃时可通过电加热器将油温升到10℃以上，当油温高于20℃时，关闭电加热器。

6. 空气滤清器

空气滤清器又称呼吸器，用于平衡箱体内外气压，防止箱体内部压力过大导致油液外渗，同时具有除尘、除湿的作用，特别是南方低风速地区，高湿环境必须配备空气滤清器并定期更换。

3.4.4　选型设计关键技术

齿轮箱安装在机舱底座上，风轮轴线与水平轴约有5°的倾角，工作中齿轮箱有较大的振动和摆动。同时由于风速变化频数较高，齿轮箱的输入、输出转速处于经常变化状态，导致输出功率变化幅度较大，齿轮箱的齿轮承受比较大的交变负荷。另外，齿轮箱置于机舱内不会受到日晒和雨水冲刷，但秋冬季节机舱内有冷凝水，周边空气含尘量较大，所以环境防腐等级为 ISO 12944 标准中的 C4 级。齿轮箱生存环境温度为-40~50℃，运行环境温度为-30~45℃，海拔 2000~5000m。

本节所述内容基于部件设计角度进行介绍，提出对齿轮箱选型时重要部件所需要考虑的具体原则，包括行星轮系传动比和轴承类型选取等。

1. 行星轮系设计原则

行星轮系设计原则如下：
(1)对于 2K-H 轮系，各级传动比一般在 3~5；
(2)对于差动或者带有双联齿轮的轮系，各级传动比范围会宽一些；
(3)相邻两级差值不要过大；
(4)啮合频率要尽量避开转动频率；
(5)各级传动的承载能力大致相等；
(6)各级传动的大齿轮浸入油中的深度大致相等；
(7)相互啮合的齿轮齿数互质；
(8)行星轮系同心条件为行星轮系中心轮和系杆共轴；
(9)行星轮系均布条件为均布安装多个行星轮,太阳轮与内齿圈齿数之和能整除行星轮个数；
(10)行星轮系邻接条件为相邻行星轮不发生干涉。

2. 齿轮设计原则

1)模数
刀具可以采用不同的模数，刀具系列模数见表 3-3，优选第一系列，其次第二系列，括号里的尽量不用。目前风电行业中，由于设计的需要，对于大批量生产的齿轮，采用非标模数也是可以的，需要专门定制刀具。

表 3-3　刀具系列模数

第一系列	0.1	0.12	0.15	0.2	0.25	0.3	0.4	0.5	0.6		0.8
	1	1.25	1.5	2	2.5	3	4	5	6		8
	10	12	16	20	25	32	40	50			
第二系列	0.35	0.7	0.9	1.75	2.25	2.75	(3.25)	3.5	(3.75)	4.5	5.5
	(6.5)	7	8	(11)	14	18	22	28	(30)	36	45

2) 螺旋角

增大螺旋角 β 可以增大轴向重合度(要求重合度范围为 $1\sim1.15$),轴向力也随之增大。同一轴上两齿轮螺旋角方向应相同,以便轴向力相互抵消。高速级螺旋角取大,低速级螺旋角取小,以减小低速级的轴向力。

3) 法向压力角

法向压力角14.5°～25°的都有使用。法向压力角越小,传动效率越高,齿部的机械强度越低;法向压力角越大,传动效率越低,齿部的机械强度越高。一级行星级法向压力角较多选取 22.5°,以增加强度。

3. 轴承选型原则

(1)承受径向载荷:圆柱滚子、调心。

(2)承受双向轴向载荷:配对的圆锥滚子、四点接触球+圆柱滚子。

(3)配对的圆锥滚子可以采用背对背或者面对面安装,面对面安装的易于拆装,在齿轮箱平行级下风向应用较多,但需注意游隙的调整,以防热膨胀引起卡死。

(4)对于三点支撑的传动链,因为风轮的六自由度载荷都可能传到行星架处,所以一级行星架轴承尽量采用圆锥滚子轴承。

对于低速重载的行星级轴承,为提高承载能力,较多采用满装圆柱滚子轴承。

低风速风力发电机组齿轮箱与其他机械系统的齿轮箱相比,具有系统复杂、部件较多、传动比大、设计轻量化和高功率密度的要求。除了上述设计需要注意的详细设计点外,需采用成熟的四点支撑结构,以避免非扭转载荷传递到齿轮箱与发电机。前端采用锁紧盘连接形式确保主轴和齿轮箱连接的高可靠性,后端采用柔性联轴器,将齿轮箱和电机的对中精度带来的影响降至最低。同时齿轮箱作为核心部件,需要对齿轮箱关键温度测点、关键位置振动情况进行全面测试分析以便评估齿轮箱运行性能,在试验阶段即可及时反映出问题以便及时优化。

经大量运行对比总结,在低风速风力发电机组中,采用球面滚子主轴承配对齿轮箱的风力发电机组故障率较低,装机规模最大。

3.4.5　检测

齿轮箱出厂需要做出厂试验等检测。

1. 试验装置

试验装置包含加载装置和辅助设备，加载装置必须满足各项试验所有工况的转矩(功率)、转速和温度等要求，辅助设备包括联轴器(建议高速轴采用膜片式联轴器)、固定装置(建议齿轮箱与安装支座采用弹性支撑)、安装支座和试验工装等。

所有试验装置应在试验前制作完成并安装到位。

2. 检测设备

检测设备需具备能检测各项试验所有工况时的转矩、速度、压力、温度、流量、应力、振动、噪声和清洁度等数据的仪器，以及数据采集系统、内窥镜和加热/冷却等设备。

试验所用的检测设备均应在检定有效期内。

3. 试验内容

1)空载试验

(1)试验前，需按齿轮箱使用手册的要求安装润滑系统及各子部件，并按要求加润滑油，记录加油量。

(2)手动确认无卡死现象后正式启动，使用冲洗油站进行冲洗，同时齿轮箱保持低速运转，冲洗一段时间后使用颗粒度计数仪检查油液清洁度，直到齿轮箱内部的油液清洁度达到 15/12(ISO 4406-2021)，并记录。

(3)启动拖动电机，使齿轮箱在工作方向上，高速轴逐步分档加速至额定转速。每档需正、反转各运行至少 5min；额定转速时，正、反转各运行不少于 60min。做出厂试验时，空载试验时间可缩短为 30min。

(4)在试验过程中，要求实时监测轴承温度、油位开关、压力开关、温度开关、压差报警器是否正常，各连接件、紧固件有无松动，密封处、结合处有无漏油、渗油，运转是否平稳，有无异响、冲击，检测、拍照并做记录。

(5)试验完成后检查各项温度、压力、压差数值是否正常；各联接件、紧固件有无松动，密封处、结合处有无渗油或漏油；运转时是否平稳，有无异响或冲击。如发现问题，必须整改，然后重新进行空载试验。

2)加载试验

(1)试验台建议采用电机—主试箱—陪试箱—电机的布置形式，齿轮箱与电机使用风力发电传动链中所采用的膜片式联轴器进行连接，两齿轮箱低速端之间使用鼓形齿联轴器进行连接，齿轮箱与安装支座使用与风力发电机相同品牌和型号的弹性支撑进行连接。

（2）加载试验使用主试、陪试两台同型号齿轮箱进行；试验开始前需进行冲洗，使油液清洁度满足 14/11；试验完成后，油液清洁度不低于 15/12。

（3）负载试验需按照要求安装全部温度、压力、振动、噪声、转矩、转速等传感器。

（4）试验时，要求每一步骤齿轮箱都要达到热平衡（15min 内温度波动在−2～2℃范围内）后开始计时。

（5）在试验过程中或试验后的检查时，若轴、轴承、齿轮及行星架、扭力臂或箱体等关重件出现失效故障，则判定试验不通过，而且试验齿轮箱必须进行拆解检查，待齿轮箱修复后，重新进行试验。

试验过程中各项测试值必须符合试验要求和试验大纲规定，若出现一项不符合项，则判定试验不通过，需整改完成后重新进行试验。

3.5　弹　性　支　撑

3.5.1　功能

风力发电机组弹性支撑放置于设备与机座之间，通过阻尼隔振方法使其传递到设备或者机座的高频应力被阻隔。风力发电机组主要弹性支撑设备有齿轮箱弹性支撑、发电机弹性支撑，有些机舱罩、控制柜等需要隔振的设备上也可能加装相应的弹性支撑。

3.5.2　结构及类型

风力发电机组需要减振部位较多，在此主要介绍齿轮箱弹性支撑和发电机弹性支撑的结构及类型。

1. 齿轮箱弹性支撑

目前齿轮箱弹性支撑主要形式有叠簧式齿轮箱弹性支撑（图 3-14）、液压式齿轮箱弹性支撑（图 3-15）和轴瓦式齿轮箱弹性支撑（图 3-16）。

图 3-14 和图 3-15 齿轮箱弹性支撑主要用于四点支撑形式的传动链结构，叠簧式齿轮箱弹性支撑形式的垂向刚度较大，横向刚度很小，主要承受齿轮箱转矩产生的力，并且齿轮箱扭转或垂向运动时其刚度值是相同的。液压式齿轮箱弹性支撑的主要特点是当齿轮箱扭转时弹性体两侧受压端由一条管线串通在一起，液体压力非常大，此产品扭转刚度较大，可以承受高的扭转载荷。当齿轮箱垂向

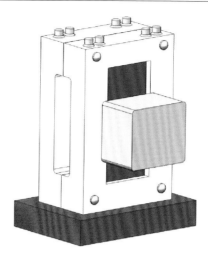

图 3-14　叠簧式齿轮箱弹性支撑

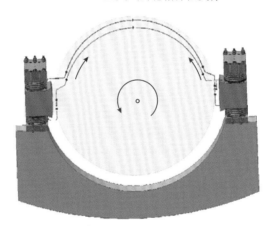

图 3-15　液压式齿轮箱弹性支撑

图 3-16　轴瓦式齿轮箱弹性支撑

运动时，受压端的管线与非受压端的管线进行串通，则受压端的液体流向非受压端腔体，管线压力得到释放，此刚度主要由橡胶来支撑，此时垂向刚度较小，通常为扭转刚度的 1/10～1/5，并且由于垂向刚度小，对齿轮箱的约束载荷也将减小，避免局部应力过大现象。在低风速大叶片四点支撑传动链机组中，齿轮箱的扭转载荷较大时可以选择液压式齿轮箱弹性支撑。

轴瓦式齿轮箱弹性支撑主要用于三点支撑的传动链形式或者需要多个方向承载的连接方式，整个产品的径向刚度都较大，轴向刚度较小，不仅可以承受齿轮箱的扭转，还可以承受 y 方向和 z 方向的力。

2. 发电机弹性支撑

发电机弹性支撑主要形式如图 3-17 所示。

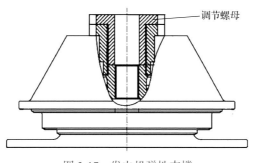

调节螺母

图 3-17 发电机弹性支撑

发电机弹性支撑除了可以减振降噪，还可以调节高度，主要通过调节螺母进行高度的调节和传动链的对中，一般调节范围为 10～20mm。如果需要横向调节功能，可以再加横向调节螺母。

3.5.3 选型设计关键技术

进行弹性支撑选型设计时，主要是对隔振器的刚度和阻尼进行设计。刚度的选择可以从以下两方面来说明。

(1)从隔振效果上说，刚度选择过高，则系统的固有频率太高，这样不仅起不到隔振作用，反而可能由于系统固有频率与激振力频率相近造成共振，剧烈的抖动使得齿轮箱等设备的噪声更大，甚至使其破坏，同时会对塔架造成冲击，使塔架发生晃动。刚度选择过低，则系统固有频率太低，系统容易失稳，低频振幅较大，同样会影响齿轮箱和发电机等设备的正常工作。按照隔振系统的隔振曲线，隔振系统的频率比最好大于 1.414。弹性支撑必须有一定的刚度来保证设备不发生较大的位移，必须保证安装上弹性支撑后的变形不要过大，以避免给主轴附加上力矩。

(2)弹性支撑的阻尼应适中。从图 3-18 中可以看出，弹性支撑的阻尼越大，共振传递率越小，其高频部分的能量衰减越缓慢。弹性支撑的阻尼越小，共振传递率越大，其高频部分的能量衰减越迅速，所以应综合考虑弹性支撑共振传递率和高频能量衰减两个方面的因素。

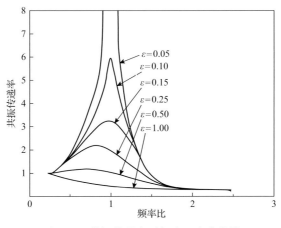

图 3-18　共振传递率随频率比变化曲线

　　根据共振传递率随频率比的变化曲线，隔振系统的设计本质上就是根据外界激励力的频率特性对系统进行频率设计和阻尼设计，频率设计的目的是使隔振系统的固有频率低于激振力中能量较高的频率，以实现隔振功能，对于单自由度系统,隔振器(弹性支撑)质量可以忽略不计,主要提供刚度 k 和阻尼 c。由 $\omega_n = \sqrt{k/m}$ 可知，频率设计实际上就是对隔振器(弹性支撑)进行刚度设计；阻尼设计的目的是控制系统的共振传递率。

　　对于低风速风力发电机组，由于载荷大，弹性支撑需选择更大刚度的产品来支撑更大的载荷，但单纯增加弹性支撑刚度会使整个传动链的固有频率变大。由于低风速风力发电机组风速低，相应的激振频率也会降低，从减振效果上来说，激振频率和固有频率将会更靠近，不利于减振，而是更容易发生共振。对于低风速风力发电机组的减振产品的设计和选择需要进行多方面的考虑，刚度应选择与激励频率相差较大的数值，但又不能降低其承载能力，则设计时就不能仅从弹性支撑单方面出发，而应该结合齿轮箱、传动链相关的参数进行综合调整和选型设计。

3.5.4　检测

　　弹性支撑选型确定，样件生产出来后，需要进行型式试验，主要对产品刚度、极限载荷、疲劳载荷、抗高低温能力、抗盐雾能力、低温脆性等进行测试，并且对胶料性能进行测试，合格后形成成熟生产工艺。

3.6 高速联轴器

3.6.1 功能

风力发电机组高速联轴器用于连接齿轮箱高速输出轴与发电机输入轴，将功率从齿轮箱传递到发电机，高速联轴器安装位置如图3-19所示，除此之外，高速联轴器还具备以下功能：

(1)在意外过载发生时通过打滑保护发电机和齿轮箱的安全；

(2)通过安装在联轴器上的制动盘，与高速轴制动器共同完成高速轴的制动；

(3)具备绝缘性能，防止发电机电流经过联轴器流到齿轮箱。

高速联轴器通常采用挠性联轴器方案，以满足上述功能需求。

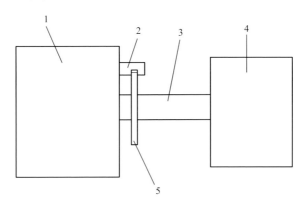

图3-19　高速联轴器安装位置示意图

1.齿轮箱；2.高速轴制动器；3.高速联轴器；4.发电机；5.高速制动盘

3.6.2 结构及类型

风力发电机组高速联轴器按弹性元件的不同可分为膜片式联轴器、橡胶连杆式联轴器和万向节联轴器等三种结构，下面分别介绍各种联轴器的特点及应用情况。

1. 膜片式联轴器

膜片式联轴器由连接机构、弹性元件、中间体、力矩限制器和高速制动盘组成，结构如图3-20所示。

1)连接机构

连接机构指联轴器与齿轮箱输出轴、发电机输入轴的连接接口部分，结构形式有胀紧套连接、花键连接和法兰连接等类型，其中胀紧套连接形式最常见。

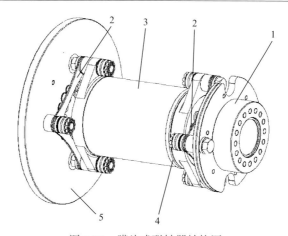

图 3-20　膜片式联轴器结构图

1.连接机构；2.弹性元件；3.中间体；4.力矩限制器；5.高速制动盘

2) 弹性元件

连接机构和中间体之间通过弹性元件连接，膜片式联轴器的弹性元件又称膜片组，每个联轴器由两组膜片组构成，齿轮箱侧和发电机侧各有一组，联轴器通过膜片组来实现扭转载荷的传递和不对中量的补偿。

按照膜片材料的不同，膜片组可分为金属膜片组和高分子膜片组。

3) 中间体

中间体位于两组弹性元件之间，用来进行转矩的传递，中间体的另一个作用是在发电机与齿轮箱之间留出一个维护空间，保证齿轮箱可以顺利安装和拆卸，该空间大小由整机商和联轴器供应商共同确定。按不同的材料，中间体分为合金钢中间体和复合材料中间体。

4) 力矩限制器

力矩限制器可以与中间体集成在一起，也可以与连接机构集成在一起，但均设置于发电机侧。力矩限制器主要功能是过载保护，当发生发电机短路时，发电机会产生很大的瞬时反转力矩破坏齿轮箱，力矩限制器可通过打滑实现对齿轮箱的保护。另外，当出现叶轮侧载荷过大时，力矩限制器可通过打滑来保护发电机。

力矩限制器结构如图 3-21 所示，连接件 A 与中间管或膜片组相连，连接件 B 被碟簧组件固定到连接件 A 上，同时，碟簧组件将连接件 C 压紧在连接件 A 和连接件 B 之间，连接件 B 和连接件 C 贴合面处涂有特殊的涂层，通过摩擦力来传递转矩，改变弹簧垫片的预紧力可以改变摩擦力的大小，从而实现打滑力矩的调整。

力矩限制器一般按照 20 年的使用寿命进行设计，满足机组正常发电情况下的转矩传递要求。通常认为在转速不大于 1500r/min，每次打滑角度小于 60°，限制矩值下降小于 20%时，可以满足打滑 1000 次。

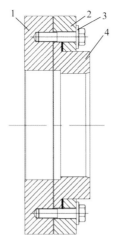

图 3-21 力矩限制器结构
1.连接件 A；2.连接件 B；3.碟簧组件；4.连接件 C

力矩限制器打滑是正常的自我保护，打滑并非产品一定发生了失效，只有当力矩限制器频繁打滑，无法满足机组正常发电时，才认为力矩限制器失效。

5)高速制动盘

高速制动盘为圆盘式结构，通过连接机构与齿轮箱输出轴相连，高速制动盘一般置于齿轮箱高速轴侧，与高速轴制动器共同完成高速轴制动功能，通常采用材料为 Q345E 或综合机械性能更好的材料，经锻造、调质处理后加工而成。

高速制动盘主要技术指标包括以下几方面：

(1)厚度。兆瓦级风力发电机组制动盘厚度一般为 30～40mm，直径为 600～900mm，厚度、直径根据制动能量计算确定，同时需考虑因紧急制动产生的热量、转动平衡等。

(2)质量要求。制动盘表面不允许有表面裂纹和影响使用性能的内部夹层等缺陷。由于设计使用条件是高速旋转状态下制动，制动盘表面不允许有凸起、裂纹，同时材料内部也不允许有夹渣、裂痕等缺陷，一般要求执行超声波探伤，按照 JB/T 5000.15—2007《重型机械通用技术条件 第 15 部分：锻钢件无损探伤》执行。

(3)粗糙度。加工后，制动盘摩擦表面粗糙度 Ra 为 3.2μm，端面跳动一般不低于 0.2mm。

(4)硬度。由于高速制动盘对偶件常是铜基粉末冶金材料摩擦片，摩擦片为消耗材料，制动盘表面需要达到一定硬度，防止制动盘表面损坏，硬度通常在 273～302HB 范围内。

2. 橡胶连杆式联轴器

橡胶连杆式联轴器的弹性元件为橡胶连杆,用来实现各方向的间隙偏差补偿,由连接机构、弹性元件、中间体、力矩限制器和制动盘五部分组成,如图 3-22 所示。橡胶连杆式联轴器与膜片式联轴器结构的主要区别在于弹性元件的不同。

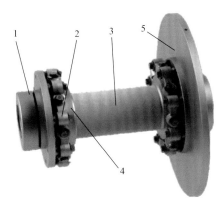

图 3-22　橡胶连杆式联轴器结构图

1. 连接机构;2. 弹性元件;3. 中间体;4. 力矩限制器;5. 制动盘

橡胶连杆式联轴器连杆主体材料为优质合金钢,每个连杆两端分别设有球面关节、圆柱关节和各自的橡胶衬套,连杆结构示意图如图 3-23 所示。

图 3-23　连杆结构示意图

1. 球面关节;2. 橡胶衬套;3. 圆柱关节

(1)球面关节和圆柱关节分别位于每个连杆两端,轴向补偿与角向补偿分别由两端的不同关节完成,其中圆柱关节用来承受扭转载荷和变形,球面关节则以承受偏转载荷和变形为主。

（2）联轴器通过连杆中的橡胶衬套实现绝缘功能，每个连杆中的两个衬套可对电流进行可靠绝缘。

3. 万向节联轴器

万向节联轴器是一种容许被连接轴具有较大角位移的联轴器，由法兰、万向节和中间轴三部分组成。万向节联轴器具有较大的角度补偿能力，两轴线最大夹角可达 45°。

万向节联轴器无弹性元件，抗冲击能力差，刚性连接，无打滑结构，不能实现超载保护。随着运行时间的增长，关节处的磨损也会增大，进而导致振动和噪声增大，该类联轴器在 300～600kW 小型风力发电机组较常见，但在兆瓦级的风力发电机组应用较少。

3.6.3 选型设计关键技术

本节所述内容基于整机选型角度，提出联轴器选型所需要考虑的具体参数要求，包括载荷容量、打滑力矩、刚度、扭转固有频率、纠偏能力、绝缘性能和动平衡等。

1. 载荷计算

1）载荷容量

在机组设计初期，可以按联轴器计算转矩公式进行联轴器的选型，如下所示：

$$T_{ca} = KT \tag{3-15}$$

式中，K 为联轴器使用系数，依据 JBZQ 4383—86《联轴器的载荷分类及工作情况系数》确定；T 为正常发电工况下机组的额定转矩（N·m），$T = 9550P/n$，P 为风力发电机组的额定功率（kW），n 为风力发电机组的额定转速（r/min）。

联轴器计算转矩应满足：

$$T_{ca} < [T] \tag{3-16}$$

式中，[T] 为联轴器专用转矩，可从联轴器供应商处获取。

2）打滑力矩

打滑力矩通过转矩限制器来实现，转矩限制器依靠摩擦副接触面产生的摩擦力来传递转矩，所传递的极限转矩可在一定范围内调整，通过接触面压紧力来调节。

预紧的螺栓组对摩擦会形成正压力：

$$N = \frac{nT}{kd} \tag{3-17}$$

式中，n 为螺栓数量；T 为紧固力矩；k 为螺栓紧固系数；d 为螺栓直径。

摩擦副之间的静摩擦力为

$$f = \mu N \qquad (3-18)$$

式中，μ 为摩擦副之间的摩擦系数。

克服静摩擦力的扭转力矩为机组的打滑力矩，即

$$T = fr \qquad (3-19)$$

式中，r 为打滑力矩的平均有效半径。

通常联轴器打滑力矩精度范围要求控制在-15%～15%的范围内，以确保转矩限制器正常发电工况下不会发生打滑，也需要根据风场实际情况进行调整。

2. 附加载荷

联轴器不对中偏移会产生额外的恢复力和转矩，这些额外的载荷会对邻近部件如齿轮箱和发电机轴承产生附加载荷，进行齿轮箱和发电机设计时应考虑附加载荷对轴承的影响。

附加载荷大小由各方向的偏移量和刚度决定，包括轴向刚度 C_x、径向刚度 C_y 和扭转刚度 C。

轴向恢复力：

$$F_a = K_a C_x \qquad (3-20)$$

径向恢复力：

$$F_r = K_r C_y \qquad (3-21)$$

角向恢复力矩：

$$T_w = K_w C \qquad (3-22)$$

式中，C 为角向动态刚度；K_r 为径向允许最大偏差；K_a 为轴向允许最大偏差；K_w 为角向允许最大偏差。

3. 扭转固有频率

扭转固有频率是轴系扭振分析的重要参数之一，是联轴器的重要指标，应保证联轴器固有频率与传动链在转速范围内的激励频率不会发生交叉，即不会发生共振，该部分可按 GL 认证要求进行动力学分析和计算。

可以按式 (3-23) 进行联轴器扭转固有频率的计算：

$$f_e = \frac{1}{2\pi}\sqrt{\frac{C}{J}} \qquad (3-23)$$

式中，f_e 为扭转固有频率；J 为联轴器转动惯量。

4. 纠偏能力

纠偏能力是指联轴器弹性元件本身所能承受的轴向、径向和角向的恢复能力，联轴器安装时两侧无法做到理论精度的对中，或设备运行过程有振动和冲击，导致总是存在安装偏差，要求高速联轴器具有一定的纠偏能力，具体参数要求由整机厂商进行动力学计算后确定。

3.6.4 检测

1. 绝缘性能

绝缘性能是联轴器的关键参数之一，为防止寄生电流从发电机转子通过联轴器流向齿轮箱，要求在 2000V 的直流电压下，联轴器阻抗应不小于 100MΩ。

采用合金钢中间体时，绝缘主要通过橡胶连杆中的橡胶层或采用复合材料中间体来实现。

2. 动平衡

联轴器由于在运转时会产生动不平衡现象，影响齿轮箱或发电机轴承的正常使用寿命，必须对平衡加以重视。

为了最大限度地减少联轴器的不平衡量，应根据需要选择适当的平衡等级。并在联轴器指定的平衡（校正）平面上，通过增加或减少适当质量的方法，使之达到平衡等级要求。这个工艺过程称为平衡校正，简称平衡。

国际标准化组织于 1940 年制定了世界公认的 ISO 1940 平衡等级，它将转子平衡等级分为 11 个级别，如表 3-4 所示。为保证联轴器平稳运行，减少振动与运转噪声，根据设计经验，一般要求联轴器剩余不平衡量满足 G6.3 的平衡品质级别。

表 3-4 转子平衡品质分级

平衡品质级别	机械类型（一般示例）
G4000	具有奇数个气缸的刚性安装的低速船用柴油机的曲轴驱动件
G1600	刚性安装的大型二冲程发动机的曲轴驱动件
G630	刚性安装的大型四冲程发动机的曲轴驱动件；弹性安装的船用柴油机的曲轴驱动件
G250	刚性安装的高速四缸柴油机的曲轴驱动件
G100	六缸和多缸高速柴油机的曲轴传动件；汽车、货车和机车用的发动机整机
G40	汽车车轮、轮毂、车轮整体、传动轴，弹性安装的六缸和多缸高速四冲程发动机的曲轴驱动件

平衡品质级别	机械类型(一般示例)
G16	特殊要求的驱动轴(螺旋桨、万向节传动轴);粉碎机的零件;农业机械的零件;汽车发动机的个别零件;特殊要求的六缸和多缸发动机的曲轴驱动件
G6.3	商船、海轮的主涡轮机的齿轮;高速分离机的鼓轮;风扇;航空燃气涡轮机的转子部件;泵的叶轮;机床及一般机器零件;普通电机转子;特殊要求的发动机的个别零件
G2.5	燃气和蒸汽涡轮;机床驱动件;特殊要求的中型和大型电机转子;小电机转子;涡轮泵
G1	磁带录音机及电唱机、CD、DVD 的驱动件;磨床驱动件;特殊要求的小型电枢
G0.4	精密磨床的主轴;电机转子;陀螺仪

注:CD指小型激光盘,DVD指高密度数字视频光盘。

3.7　高速轴制动器

3.7.1　功能

高速轴制动器为主动式液压盘式制动器,安装在齿轮箱壳体上。当液压系统提供油压时,活塞推动摩擦片将与齿轮箱高速轴相连的制动盘抱紧,起到制动的作用,高速轴制动器只有在机组紧急制动与日常维护时动作。

3.7.2　结构及类型

目前风电行业双馈式风力发电机组采用的高速轴制动器均为液压盘式制动器,根据活塞缸直径分为 75mm 和 120mm 两种,两种制动器除安装尺寸及活塞缸直径不同,其他结构类似,主要由上钳体、导向柱、调节弹簧、摩擦片及下钳体组成,如图 3-24 所示。

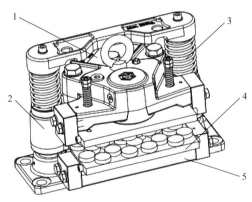

图 3-24　高速轴制动器结构图
1.上钳体;2.导向柱;3.调节弹簧;4.摩擦片;5.下钳体

1. 上钳体

高速轴制动器上钳体作为制动器的主动制动一侧，又称制动器主动组件，当制动器需要制动时，液压站压力施加到活塞处推动上钳体动作，压紧摩擦片进行制动。

2. 导向柱

导向柱的主要作用为连接上下钳体，为上下钳体制动和松开提供轨道，如图 3-25 所示。当制动器制动时，上下钳体同时向制动盘方向移动克服调节弹簧预紧力抱紧制动盘进行制动。当制动器松开时上下钳体在调节弹簧的作用下沿导向柱各自离开制动盘解除制动，同时导向柱底部还具有固定整个制动器的作用。

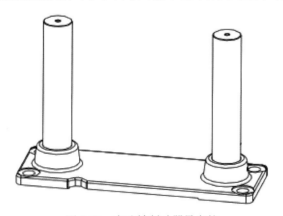

图 3-25　高速轴制动器导向柱

3. 调节弹簧

图 3-26 为高速轴制动器调节弹簧，调节弹簧作为高速轴制动器的调节元件结构，其刚度的大小决定着制动器的响应时间及制动性能，弹簧刚度及预紧力设置通常以试验及机组实际运行经验进行设定。

图 3-26　高速轴制动器调节弹簧

4. 摩擦片

图 3-27 为高速轴制动器摩擦片，目前行业内高速轴制动器摩擦片通常采用粉末冶金铜基材料，其摩擦系数适中，散热性能良好，适合高速轴制动器工况。高速轴制动器摩擦片属于易损件，一般会配有材料磨损电子指示器，实时监测摩擦片的磨损情况。

图 3-27　高速轴制动器摩擦片

5. 下钳体

图 3-28 为高速轴制动器下钳体，作为制动器的被动制动一侧，又称制动器被动组件，当制动器需要制动时，在主动侧活塞处液压反作用力的作用下下钳体沿着导向柱被动靠向制动盘进行制动。

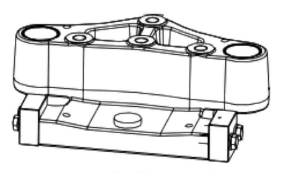

图 3-28　高速轴制动器下钳体

3.7.3　选型设计关键技术

高速轴制动器设计步骤如图 3-29 所示。通过载荷来选择产品型号及个数，核定安装空间后根据液压压力迭代核算制动力矩是否满足要求，主要包括最小制动力矩、最大制动力矩、平均制动力矩及发热量的计算校核。

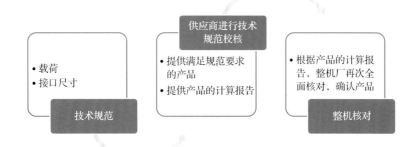

图 3-29 高速轴制动器设计步骤

作为低风速风力发电机组传动链系统关键部件，高速轴制动器面对的制动载荷及制动时间相比于常规风速风力发电机组要求较高，这对制动器摩擦片及调节弹簧的要求更高。摩擦片的选择既要满足常规维护制动力矩要求，又要满足在满负荷工况下能够紧急制动，同时保证摩擦片材料不能一次消耗完毕。当机组需要停机时，风力发电机组高速轴从机组顺桨降低到一定转速进行制动至完全停机需要固定时间，高速轴制动器调节弹簧需要根据实际情况进行刚度及预紧力的设定，参数调整不当很容易引起机组停机时间过长或过短，导致制动发热量过大问题的发生。

3.7.4　检测

高速轴制动器设计选型完成后，需要进行样机性能检测，主要包括外形检测、压力密封检测、磨损率检测、惯性试验检测及高低温疲劳试验等。

1. 外形检测

制动器外形检测主要检测制动器紧固件安装情况、连接安装尺寸、外观涂装、制动开合状态等内容。

2. 压力密封检测

压力密封检测的目的在于检测在额定的工作压力和工作行程后，保压一定的时间，制动器是否存在渗漏及压力异常情况。

3. 磨损率检测

磨损率是摩擦片重要的性能指标之一，摩擦片磨损率测试是在额定工况下制动器进行规定的制动次数后，通过测量摩擦片磨损厚度及体积计算磨损率，磨损率需在规定的范围内，同时摩擦片不能出现剥落、龟裂、变形及裂纹等异常现象。

4. 惯性试验检测

高速轴制动器在惯性试验台上进行测试，模拟转动惯量为实际风力发电机组惯性大小，在一定的转速下进行高速轴制动，制动时间、温升及摩擦片磨损应满足规定内容。

5. 高低温疲劳试验

高低温疲劳试验是为了更好地验证高速轴制动器是否能够适合风力发电机组的工作环境，在风力发电机最高和最低工作温度下高速轴制动器能否工作规定的次数，并检查其性能是否出现异常。

第4章 偏 航 系 统

4.1 偏航系统概述

偏航系统是风力发电机组特有的伺服系统，是水平轴式风力发电机组必不可少的组成系统之一，如图 4-1 所示。偏航系统的作用主要有三个：其一是与风力发电机组的控制系统相互配合，使风力发电机组的风轮始终处于迎风状态，充分利用风能，提高风力发电机组的发电效率；其二是提供必要的锁紧力矩，以保障风力发电机组的安全运行；其三是由于风力发电机组可能持续地向一个方向偏航，为了保证机组悬垂部分的电缆不至于产生过度的扭绞而使电缆断裂、失效，在电缆达到设计缠绕值时能自动解除缠绕。风力发电机组的偏航系统一般分为主动偏航系统和被动偏航系统。主动偏航是指采用电力或液压驱动来完成对风动作的偏航方式，常见的有齿轮驱动(滚动)和滑动两种形式。被动偏航是指依靠风力通过相关机构完成机组风轮对风动作的偏航方式，常见的有尾舵、舵轮和下风向三种。对于并网型风力发电机组，通常采用主动偏航的齿轮驱动形式。图 4-2 和图 4-3 分别为滚动偏航和滑动偏航。

偏航驱动器
偏航轴承
偏航制动器
偏航制动盘

图 4-1　偏航系统

偏航系统的方案有多种，如采用滑动轴承的阻尼式偏航系统、带有偏航制动器的固定式偏航系统、软偏航系统、阻尼自由偏航系统和可控自由偏航系统等。目前应用最为普遍的有两种：一种是采用带有偏航制动器的固定式偏航系统，另一种是采用滑动轴承的阻尼式偏航系统。

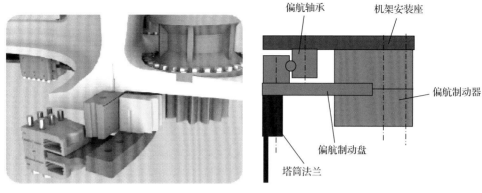

图 4-2　滚动偏航

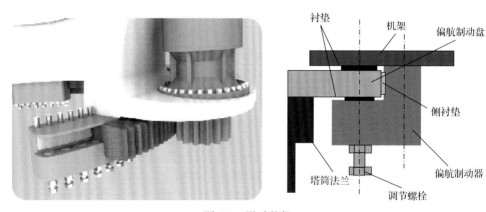

图 4-3　滑动偏航

偏航系统由偏航控制机构和偏航驱动机构两大部分组成。偏航控制机构包括风向传感器、偏航控制器、解缆传感器等几部分，偏航驱动机构包括偏航轴承、偏航驱动装置、偏航制动器(或偏航阻尼装置)等几部分。

偏航系统通过以下三个方面降低整机能量成本：

(1)通过调整叶轮的朝向使叶轮持续获得最大扫风面积，增加发电量；

(2)通过调整叶轮的朝向，降低系统结构承受的气动载荷；

(3)通过对偏航系统自身的优化，降低偏航系统的运行和维护成本。

偏航系统需要综合考虑系统内各部件之间的关系以及偏航系统对整机的影响，在风力发电机组三大重要系统中起到独特的作用。

偏航系统设计原则如图4-4所示。

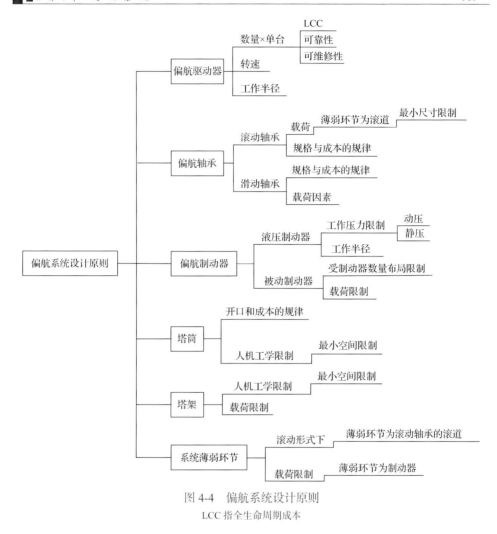

图 4-4　偏航系统设计原则
LCC 指全生命周期成本

4.2　偏航系统关键技术

　　风力发电机组偏航系统的主要作用为：①当风力发电机组对风完成后提供制动力矩使机组处于迎风状态，完成高效发电；②当外部风向发生变化时，偏航系统启动，使风力发电机组自动偏航对风，同时偏航系统提供一定的偏航阻尼保证机组偏航时平稳，无冲击和振动。

　　风力发电机组正常偏航时，偏航系统振动和噪声值较小，同时机组机舱内会安装振动传感器进行振动幅值监测。有些机组运行一段时间后由于种种原因会发生振动幅值超标同时伴随剧烈噪声的现象，下面针对其形成原因及解决措施进行详细叙述。

1. 偏航制动器摩擦材料

1）问题原因

风力发电机组偏航制动器主要有机械式、液压式及混合式三种形式，每种形式的偏航制动器与偏航制动盘接触时都需要摩擦片与之接触。目前行业内摩擦材料主要是高分子复合材料及工程塑料两种，每种材料的适用环境不一样，当偏航制动器摩擦片选择不合适或者失效时，尤其是遇到油、脂滴落到偏航制动盘上时会引起振动及异响情况发生。

2）解决措施

根据振动异响发生的环境选择不同材料的摩擦片，同时调整摩擦片的配方，针对性地提高摩擦片的摩擦系数及磨损率等参数，经过多次试验后选择合适的摩擦片，降低或者消除偏航振动噪声。

2. 偏航制动器

1）问题原因

风力发电机组偏航过程中需要一定的偏航阻尼，以保证机组稳定运行，若偏航阻尼值设置过大，则会引起偏航系统的振动和噪声。

液压式偏航制动器通过偏航背压来控制阻尼，机械式偏航制动器通过调整弹簧预紧力来控制阻尼，若偏航阻尼值设置得过大，则偏航制动器作用在偏航制动盘上的压力过大，会引起偏航噪声及振动发生。

2）解决措施

当偏航振动噪声发生时，在不影响机组偏航安全运行的前提下，降低偏航阻尼的措施如下：液压式偏航制动器用于降低偏航背压，机械式偏航制动器降低预紧力从而缓解偏航振动及噪声的程度。

3. 偏航制动盘

1）问题原因

（1）偏航制动盘磨损污染。

偏航制动盘在机组运行过程中，若有液压油及轴承润滑脂滴落到盘面上，则会与摩擦片磨损的粉末结合成玻化物质污染偏航制动盘表面，同时若偏航制动盘表面由于长期运行被制动片本身的背板磨损，摩擦盘表面出现凹槽，在偏航制动盘受污染或者磨损后继续运行，则容易引发偏航系统的振动和噪声发生。

（2）偏航制动盘质量及装配问题。

若偏航制动盘本身表面粗糙度、平面度等出现误差，或者偏航制动盘在装配过程出现误差，则也会引起偏航系统的剧烈振动和噪声。

2）解决措施

当偏航制动盘受到污染时，应当及时进行清理，对偏航制动盘表面进行打磨清理，同时对制动片表面进行清理，必要时进行摩擦片的更换，加强对偏航制动盘出厂的尺寸及相关公差检验，同时加大偏航制动盘装配的监督力度，保证偏航制动盘的生产和装配准确。

4. 偏航驱动器

1）问题原因

偏航驱动器与偏航轴承的齿面接触位置出现磨损，如缺乏润滑油脂、突然外载超过设计极限等，会导致偏航过程系统卡滞，振动噪声明显偏大。

2）解决措施

及时对偏航驱动器接触齿面进行润滑，定期检查齿面配合间隙，出现问题及时解决，必要时可以进行更换。

4.3 偏航轴承

4.3.1 功能

偏航轴承安装于塔筒顶部，用于连接塔筒和机架。偏航轴承通过内外圈的相对旋转可实现机舱方向的调整，以便于叶轮正对来风方向，更好地利用风能。

4.3.2 结构及类型

常用的偏航轴承结构有单排四点接触球轴承、双排四点接触球轴承和滑动轴承。单排四点接触球轴承和双排四点接触球轴承的应用较为广泛，其结构形式可参考变桨轴承。

偏航轴承通常通过齿与偏航驱动器的啮合来实现内外圈的旋转，啮合方式分为内啮合和外啮合。内啮合的偏航轴承上加工有内齿，内圈与塔筒通过螺栓连接，外圈与机架通过螺栓连接，偏航驱动器安装在机架上。外啮合的偏航轴承上加工有外齿，外圈与塔筒通过螺栓连接，内圈与机架通过螺栓连接，偏航驱动器安装在机架上。

4.3.3 选型设计

偏航轴承的载荷形式与设计计算方法和变桨轴承基本一致，可参考变桨轴承的计算方法。两者的主要区别在于润滑系统，偏航轴承一般设置为塔筒侧双唇密封，机架侧单唇密封，不设计排油通道，油脂通过上侧的单唇密封流出后，受重力作用，油脂会流到偏航齿上，从而达到润滑齿面的目的。

4.4　偏航驱动器

4.4.1　功能

偏航驱动器是偏航系统实现偏航的主要执行机构之一，包括偏航电机、偏航减速机两个部分。通常一个偏航系统中包含4~6个偏航驱动器，以确保在高速重载的情况下通过行星齿轮减速来达到速度与转矩的要求。

　　1. 偏航电机

偏航电机为电磁制动三相异步电机，制动方式为失电制动，其直流圆盘制动器安装在电机非轴伸端的端盖上。工作原理：当电机接入电源时，制动器的整流器同时接通电源，由于电磁吸力作用，电磁铁吸引衔铁并压缩弹簧，制动盘与衔铁、端盖脱开，电机运转。当切断电源时，制动器电磁铁失去电磁吸力，弹簧力推动衔铁压紧制动盘，在摩擦力矩的作用下，电机立即停止转动。

偏航电机采用大功率低转速的设计方案，选用力矩特性较软的多极电机驱动，结合风电场的工况，优化机组偏航转速，保证较小的冲击，从而使偏航过程更加平稳。

　　2. 偏航减速机

偏航减速机中包括3~6级行星齿轮减速装置、电机输入轴、电机输出轴和输出齿轮等部件。每级有多个行星轮，以实现大传动比的要求。其中太阳轮或行星轮设计为浮动构件，以达到均载的目的。

4.4.2　选型设计

偏航驱动器设计思路如图4-5所示。

经过调研与试算后确定偏航驱动器个数、偏航电机转速、偏航大小齿齿数，通过对载荷进行多次转换和迭代计算，最终获得偏航驱动器所需满足的驱动力矩、制动力矩与最大承载能力需求，然后进行偏航驱动器详细设计与强度校核，最终获得满足载荷需求且性能较优的设计方案。

4.4.3　偏航减速机设计要求

与变桨减速机相同，偏航减速机中的关键零部件包括行星系齿轮、齿圈、轴

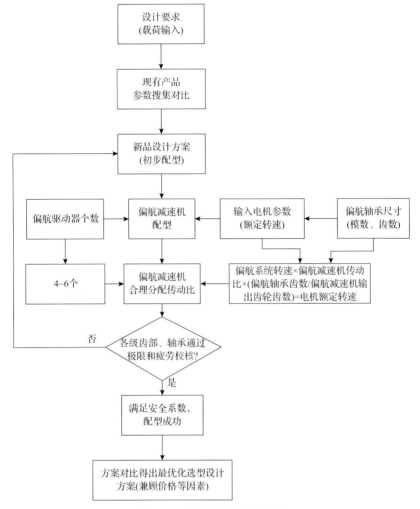

图 4-5　偏航驱动器设计思路

及轴承等。各零部件计算方法与变桨减速机相同，对应安全系数选取参照表 2-16 和表 2-17。

4.5　偏航制动系统

4.5.1　功能

偏航制动系统的主要功能是为风力发电机组提供制动力矩。不偏航时提供全制动力矩，避免机舱发生偏转。偏航过程中，提供一定的制动阻力，保证机组偏航平稳。

4.5.2　结构及类型

目前行业内偏航制动系统分为液压式、机械式、混合式三大类，具体形式特点及应用情况如下。

1. 液压式偏航制动系统

液压式偏航制动系统如图 4-6 所示，主要包括偏航轴承、机架安装座、偏航制动器、偏航制动盘及塔筒法兰等部件。

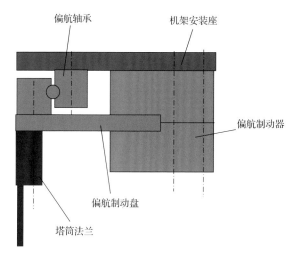

图 4-6　液压式偏航制动系统结构图

此系统中偏航制动器安装在机架安装座上，偏航制动盘安装在塔筒法兰上，通过偏航轴承内外圈转动，偏航制动器对偏航制动盘进行抱紧和释放从而控制风力发电机组的制动和转动。

1）偏航轴承

液压式偏航制动系统中偏航轴承通常选用滚动轴承，内圈和外圈分别与机架和塔筒相连，通过相对旋转，使机舱进行正常的偏航和静止发电。

2）偏航制动器

液压式偏航制动系统采用的偏航制动器为液压主动式偏航制动器，具体结构形式及组成如图 4-7 所示。该类制动器主要由钳体、活塞、摩擦片和磨损指示器组成：

（1）钳体。制动器钳体多采用铸造形式制造，外形尺寸根据实际情况进行设计，内部流道为活塞制动提供压力进行活塞制动。

（2）活塞。制动器活塞为制动器的关键部件，与钳体进行配合，在液压动力作用下，活塞伸出和收缩控制制动器制动和释放。

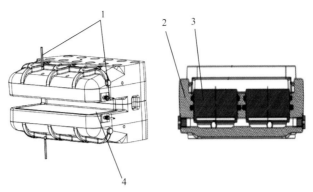

图 4-7　液压主动式偏航制动器结构图

1.磨损指示器；2.钳体；3.活塞；4.摩擦片

(3)摩擦片。目前偏航制动器摩擦片多采用高分子有机复合材料产品，该类产品材料成本较低，摩擦系数适中，性价比较高，在行业内得到大量的应用。

(4)磨损指示器。磨损指示器主要用来监测摩擦片的磨损程度，防止由于摩擦片达到磨损极限时未及时发现进一步磨损影响制动盘的情况发生。磨损指示器一般有机械式和电子式两种：机械式一般需要人工进行外观观察；电子式则可以进行远程监测，当摩擦片达到磨损极限时可报警显示。

2. 机械式偏航制动系统

机械式偏航制动系统如图 4-8 所示，主要包括偏航制动盘、机架安装座、偏航制动器、偏航摩擦衬垫、调节螺栓及塔筒法兰等部件。

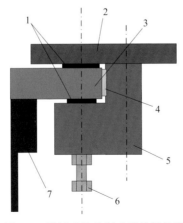

图 4-8　机械式偏航制动系统结构图

1.偏航上下衬垫；2.机架安装座；3.偏航制动盘；4.侧面衬垫；5.偏航制动器；6.调节螺栓；7.塔筒法兰

该类制动系统与液压式偏航制动系统相比省去了偏航轴承，增加了偏航上下衬垫和侧面衬垫，制动器结构进行了比较大的更新，相对成本较低，但偏航制动器制动力恒定，无法随时调整。

　　1) 偏航摩擦衬垫

　　机械式偏航制动系统增加了偏航摩擦衬垫，衬垫分为偏航上下衬垫和侧面衬垫，衬垫材料一般采用高分子工程塑料，其摩擦系数低、磨损率小同时耐压性能良好。

　　2) 偏航制动器

　　机械式偏航制动系统偏航制动器与液压式偏航制动系统的偏航制动器相比，最明显的设计是取消了液压缸及活塞，通过增加调节螺栓及弹簧来控制摩擦片的伸出量，从而达到一定的制动力，该类制动器的调节弹簧及螺栓需要定期进行维护。

　　3. 混合式偏航制动系统

　　混合式偏航制动系统集液压式偏航制动系统与机械式偏航制动系统的优点，如图 4-9 所示。在一定数量的机械式制动器中间增加适量的液压式制动器，当风力发电机组偏航时机械式制动器进行制动；当风力发电机组发电静止时，液压式制动器与机械式制动器同时制动。混合式偏航制动系统也同时具有了两种制动系统的缺点，如结构复杂、维护量大和重量/成本较高等。

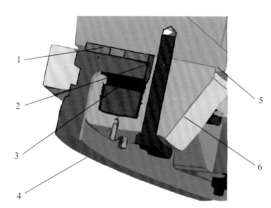

图 4-9　混合式偏航制动系统结构图

1.机械式制动器上下衬垫；2.机械式制动器侧面衬垫；3.液压式制动器制动片；
4.塔筒法兰及偏航制动盘；5.机架安装座；6.液压式制动器

4.5.3　偏航制动器选型设计

　　偏航制动器的设计需要根据载荷来选择产品型号及个数，核定安装空间后根据液压压力迭代核算制动力矩是否满足要求，制动力矩主要包括最小制动力矩、最大制动力矩和平均制动力矩。

4.5.4 检测

偏航制动器设计选型完成后，需要进行样机性能检测，主要包括外形检测、压力密封检测、磨损率检测、疲劳试验检测及极限耐压试验等。

1. 外形检测

制动器外形检测主要检测制动器紧固件安装情况、连接安装尺寸、外观涂装、制动开合状态等内容。

2. 压力密封检测

压力密封检测的目的在于检测在额定的工作压力和工作行程后，保压一定的时间，制动器是否存在渗漏及压力异常情况。

3. 磨损率检测

磨损率是摩擦片重要的性能指标之一。摩擦片磨损率检测是在额定工况下制动器进行规定的制动次数后，通过测量摩擦片磨损厚度及体积计算磨损率，磨损率需在规定的范围内，同时摩擦片不能出现剥落、龟裂、变形及裂纹等异常现象。

4. 疲劳试验检测

偏航制动器在疲劳试验台上进行测试，在试验大纲要求的工作循环次数下进行工作循环，检查其性能是否出现异常。

5. 极限耐压试验

极限耐压试验是为了更好地验证偏航制动器最高工作压力及工作条件，不断增加制动器的工作压力直至制动器出现任何失效现象，记录其最高工作压力值。

第5章 电气系统

电气系统是风力发电机组控制的基础，是连接发电机组与输电线路的纽带，电气系统的设计影响到风能转化与传输环节的友好性与安全性。低风速风力发电机组的运行环境通常地形复杂、风况多变，造成电气系统的设计难度增加。本章首先介绍风力发电机组电气系统的概况；然后结合低风速风力发电机组电气系统的特点，分别介绍发电机、变流器等重要部件针对低风速环境应用的优化设计方法；为保证电气系统技术的完整性，介绍风力发电机组电气系统一些通用性的设计知识，供读者参考。

5.1 电气系统概述

风力发电机组电气系统是机组风能捕捉、能量转换和能量传输等功能的控制核心，主要分为两个部分：一部分为功率转换系统，又称一次回路，是风能转化为电能并传输的通道，包括发电机和变流器的主回路部分；另一部分由若干电气元件组合，用于实现对某个或某些对象的控制，从而保证被控设备安全、可靠地运行，一般俗称二次回路，主要功能有自动控制、保护、监视和测量。风力发电机组电气系统主要由以下几部分组成，如图5-1所示。

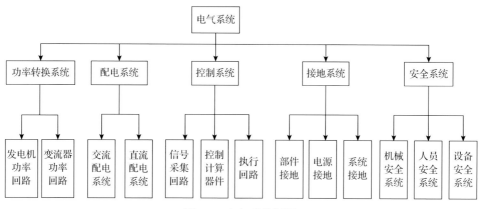

图 5-1　电气系统框图

风力发电机组电气系统的设计应满足以下标准的基本要求：

（1）GB/T 5226.1—2019《机械电气安全 机械电气设备 第1部分：通用技术条件》；

(2) GB 50052—2009《供配电系统设计规范》；

(3) GB/T 18451.1—2022《风力发电机组 设计要求》；

(4) IEC 61400《风力发电机系统》；

(5) ISO 13849-1: 2023《机械安全 控制系统的安全相关部件 第 1 部分：设计的一般原则》；

(6) DNV·GL-2015《风力发电机电气装置的设计》。

5.2 电气系统关键技术

由于低风速环境的特殊性，低风速风力发电机组电气系统的设计相比普通机组的设计要求更高，涉及以下几个方面的关键技术。

5.2.1 电网友好性技术

低风速风电项目场址内地形、地貌、气象条件复杂，风速、风向受气候影响明显，湍流强度大、阵风影响大，这些都对风力发电机组变流器提出了更高的要求。低风速风力发电机组需优化控制策略，针对现场风况所造成的机组转速波动，实现快速的有功和无功调节，避免有功功率的陡升和陡降，保证风力发电机组并网的稳定性。

5.2.2 环境适应性技术

低风速风力发电机组一般安装在我国中东部和南部地区，机组设计过程中通过不同的配置，满足特殊环境的适应性要求，如满足长江流域的高雷暴和高湿度天气、中南地区的冰冻现象、西南地区的高原环境要求等。应针对现场环境条件，设置加热、除湿等设备保证风力发电机组具备良好的运行条件，机组的电气系统应具有较高的防护等级，避免外部潮湿空气的侵袭。

5.2.3 降耗提效技术

低风速风力发电机组的发展对变流器的效率提出了更高的要求，变流器设计过程中应采取优化措施，降低变流器运行中的损耗，提高运行效率。变流器可优化内部辅助设备配置，降低自耗电，如优化功率单元冷却回路，在保证散热的前提下降低散热风力发电机的功率。变流器可优化控制策略，调节功率单元开关频率，或采用软开关控制策略，降低功率单元的开关损耗。变流器可根据机组电气系统的配置，采用中高压变流器，降低机组的发电机、电缆等成本，减少线路的损耗，提高变流的效率。

5.2.4　智能化技术

我国低风速区域风资源较分散，不利于大规模开发。区域地形复杂，运维中人力操作成本高、难度大，远程智能运维是大势所趋。风力发电机开发走向数字化、智能化，源于度电成本的压力。通过数字化或者智能化的手段，通过高塔筒、大叶轮以及智能传感系统，先进的智能控制能够降低度电成本，通过智能化的设计和建设管理方式，缩短项目建设周期。

智能化的电气系统具有信息化、智能化、节能环保等优势。对于老一代的电气控制设备，先进信息技术的使用能更好地检测并反馈电气设备工作情况，有利于管理人员对风力发电机组的控制，提升风力发电机组的网络化管理水平。同时，智能化的自动控制设备大幅提升了电气控制设备的使用寿命和利用率。

另外，可靠性设计是可靠性工程的重要组成部分，是实现风力发电机组固有可靠性要求的关键环节，在遵循系统工程规范的基础上，通过智能化设计手段在产品设计过程中将可靠性"设计"到系统中，能够消除机组的潜在缺陷和薄弱环节，提高风力发电机组的可靠性。

5.2.5　可维护性设计技术

低风速风力发电机组所处的地理环境比较复杂、高湿多雨，机组一旦出现故障，及时维护和恢复运行的成本很高。可维护性是指从设计的角度出发，为保证机组故障能够容易被发现、检修、安装而采取的设计手段。可维护性设计是从不同的角度来保证产品的可靠性：一方面，着重从保证机组的工作性能出发，力求不出故障或少出故障，在方案设计和结构设计阶段就设法消除危险与有害因素，解决本质安全问题；另一方面，从维护的角度考虑，一旦产品发生故障，其本身就能及时发现、显示并自动排除故障。

5.3　低风速型双馈发电机

随着近几年中国风电的迅速发展，装机容量大幅增加，风电资源较为理想的地区已基本开发完成，导致风电开发商对低风速地区资源的开发需求越来越强烈。主要的风力发电机型包括双馈发电机组、电励磁同步发电机组、永磁直驱发电机组、永磁半直驱发电机组、鼠笼异步全功率发电机组。目前，双馈发电机组在风电市场依然占据主导地位，但普通双馈发电机组典型应用环境风速较高，应用于低风速地区时无法充分满足风能利用的需求。

5.3.1 双馈发电机工作原理

一般情况下，发电机只有定子和电网之间能量的流动，双馈发电机定子、转子都可以与电网交换能量，其中定子直接与电网连接，转子通过变流器与电网连接，能量从定子和转子两个通道向电网流动，所以称为双馈发电机[1]。

图 5-2 为典型的双馈发电机组系统，由双馈发电机、叶轮、网侧变流器、转子侧变流器、网侧滤波器、转子侧滤波器、齿轮箱、变压器等部分组成。双馈发电机的定子与电网硬耦合，转子通过变流器与电网相连；网侧变流器主要负责并网控制和中间直流电容电压的稳定性控制，转子侧变流器主要负责双馈异步发电机的交流励磁控制[2-4]。

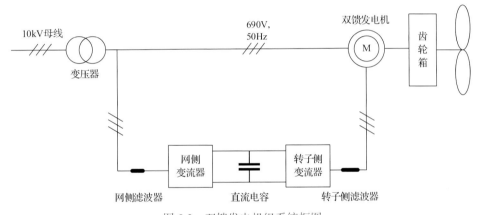

图 5-2　双馈发电机组系统框图

双馈发电机是机械能转换为电能的装置，由法拉第电磁感应定律和旋转电机机电能量转换原理可知，对于任何旋转电机，其在稳定运行时定转子的旋转磁场在空间必须相对静止才能产生恒定的平均电磁转矩，即要求：

$$\omega_r = \omega_1 \mp \omega_2 \tag{5-1}$$

式中，ω_1 为定子旋转磁场在空间的角速度；ω_r 为转子旋转电角速度；ω_2 为转子旋转磁场相对转子的电角速度。当电机处于亚同步转速时，式(5-1)取 "−" 号；当电机处于超同步转速时，式(5-1)取 "+" 号。

电机的同步转速 n_s 的计算公式为

$$n_s = \frac{60 f_1}{p} \tag{5-2}$$

又因为 $\omega_1 = 2\pi f_1$，$\omega_2 = 2\pi f_2$，所以式(5-2)可以写为

$$\omega_r = 2\pi\left(f_1 \mp f_2\right) \tag{5-3}$$

或

$$\frac{pn}{60} = f_1 \mp f_2 \tag{5-4}$$

式中，f_1 为定子电流频率(即电网频率)；f_2 为转子电流频率；p 为电机的极对数；n 为电机的转速。对于交流励磁双馈发电机，定子和电网相连，定子绕组通入的是频率为电网频率 f_1 的对称三相交流电流，于是定子便产生以同步转速 ω_1 旋转的磁场；交流励磁双馈发电机的转子通入频率为 f_2 的三相对称励磁电流，转子便产生相对转子转速为 ω_2 的旋转磁场。

在变速恒频双馈发电机组中，由机组的功率特性可知，当风速变化时，双馈发电机的转速 n 也相应变化。由式(5-3)可知，只要相应地改变转子励磁电流的频率就可以使定子、转子磁场保持相对静止，产生恒定的电磁转矩进行机电能量转换，也就可以保持双馈异步风力发电机定子恒频发电。

在分析双馈发电机的运行方式时，假设定子有功功率 $P_1 > 0$ 表示能量从发电机流向电网，$Q_1 > 0$ 表示定子输出感性无功功率；$P_1 < 0$ 表示能量从电网流向发电机，$Q_1 < 0$ 表示定子吸收感性无功功率，转子侧有功、无功正负号的含义与定子侧相反，那么双馈发电机的运行方式分为下面四种：

(1) $Q_1 > 0$，$S > 0$ 定子输出感性无功功率，亚同步运行；

(2) $Q_1 > 0$，$S < 0$ 定子输出感性无功功率，超同步运行；

(3) $Q_1 < 0$，$S > 0$ 定子吸收感性无功功率，亚同步运行；

(4) $Q_1 < 0$，$S < 0$ 定子吸收感性无功功率，超同步运行。

图 5-3(a) 表示当 $S_p < S < 1$ 时，发电机转速小于临界转速时有功功率流程图；图 5-3(b)表示当 $S < S_p$ 时，发电机转速大于临界转速时有功功率流程图。

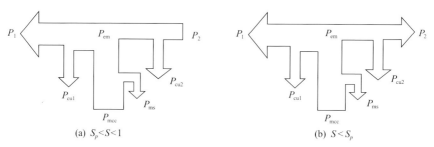

图 5-3　双馈发电机的有功功率流程图(S_p 为临界转差率)

双馈发电机在运行时，有近似关系式 $U_2 = |S|U_{20}$，其中 U_2 为转子电压，S 为转差率，U_{20} 为转子开路电压。

对于普通发电机，转子励磁变流器的额定电压取决于发电机额定运行时的电压；但对于双馈发电机，在发电机转子开路电压恒定时，并非在额定运行点时转子电压最大，而是在转差率绝对值最大时转子电压最大。因此，正常运行时，转子变流器的输出电压取决于双馈发电机的最大转速或最小转速。

转子电流的表达式可以表示为

$$I_2 = \frac{1}{3x_m U_1}\Big[\big(r_1^2 + x_1^2\big) P_1^2 / \cos^2\varphi_1 + 6U_1^2 P_1\big(r_1 - x_1\tan\varphi_1\big) + 9U_1^4 \Big]^{1/2} \quad (5\text{-}5)$$

式中，I_2 为转子电流；x_m 为励磁电抗；U_1 为定子端电压；r_1 为定子电阻；x_1 为定子漏电抗；P_1 为发电机有功功率；φ_1 为功率因数。

式(5-5)反映了转子电流的大小与发电机定子有功功率、定子电阻、定子漏电抗、功率因数的函数关系。从该关系式中可以得到以下两点结论：

(1)在无功功率一定的情况下，发电机运行于额定转速时，转子电流最大，原因是发电机在额定转速时定子输出的有功功率最大，这是由风力发电机组的功率特性决定的。

(2)在发电机转速和定子输出有功功率一定时，发电机容性(定子功率因数小于零)与感性运行时相比，转子电流更大。

以上两点也是转子励磁变流器电流参数选择的主要依据。

5.3.2　低风速型双馈发电机设计

低风速型双馈发电机是低风速风力发电机组的重要组成部分，发电机定子三相绕组接入交流工频电源，转子三相绕组对称接双脉冲宽度调制(pulse width modulation，PWM)变流器。通过变流器调节转子励磁电流的大小、频率及相位，使其具有良好的稳态、暂态特性。双馈发电机可实现有功、无功的解耦控制，且具有比传统同步发电机更好的效率曲线及稳态、暂态稳定运行能力，并且既可以工作在超同步状态也可以工作在亚同步状态。为扩大风力发电机组的运行范围，要求双馈发电机在低风速和低功率段同样具有较高的运行效率和较低的温升水平。

1. 低风速型双馈发电机设计特点

低风速型双馈发电机长期运行在低风速段，具有满发时间不长的特点，所以低风速型双馈发电机的设计应将发电机性能优化区间重点放在额定功率 1/4～3/4 区间段，着重提升该区间段的效率、降低发电机振动幅值，并通过针对性的结构设计、通风冷却系统优化方案和工艺过程设计来提升发电机可靠性。

低风速型双馈发电机的主要特点如下：

(1)发电机在全转速段具有较高的发电效率，尤其在低风速段，具有较高的综合能效。

(2)环境适应性强，低风速型双馈发电机在各种低风速环境(如低温、湿热带、海基、高海拔、风沙等环境)均具有很强的适应性。

(3)风力发电机组电网适应性至少要包括电压适应性要求、频率适应性要求、高穿功能要求和低穿功能要求。

(4)发电机可靠性高，采用适于变频电机的绝缘结构，具有可靠的绝缘体系、可靠的转子绝缘及连接线固定结构、可靠的集电环系统设计和轴承结构设计。

(5)采用可靠的轴承座绝缘结构和接地系统，使轴承在运行时能够避免轴电流腐蚀。

(6)采用重载增量型编码器，给变流器提供可靠的转速测量信号。

(7)采用空-空或空-水的冷却方式，冷却系统高效、可靠。

(8)发电机结构设计紧凑，重量较轻。

(9)发电机电压谐波畸变率低，谐波含量少。

(10)发电机具有丰富的智能监控传感器，对发电机的绕组温度、轴承温度、集电环室温度、冷却器进出风温度、润滑泵低油位及故障、电刷磨损情况、发电机振动等进行全方位全时段的监控。

2. 低风速型双馈发电机设计方案

双馈发电机是典型的机电一体化产品，它涵盖电磁、绝缘、机械结构设计、机械制造等多个专业领域。双馈发电机的主要设计内容包括双馈发电机的电磁设计、结构设计及仿真校核、通风冷却系统设计及仿真校核、工艺过程设计，部分参考标准如下：

(1)GB/T 755—2019《旋转电机 定额和性能》；

(2)GB/T 1032—2023《三相异步电动机试验方法》；

(3)GB/T 1993—1993《旋转电机冷却方法》；

(4)GB/T 10068—2020《轴中心高为56mm及以上电机的机械振动 振动的测量、评定及限值》；

(5)GB/T 10069《旋转电机噪声测定方法及限值》；

(6)GB/T 12665—2017《电机在一般环境条件下使用的湿热试验要求》；

(7)GB/T 23479—2023《风力发电机组 双馈异步发电机》；

(8)GB/T 4942—2021《旋转电机整体结构的防护等级(IP代码)分级》；

(9)JB/T 10500.2—2019《电机用埋置式热电阻 第2部分：铂热电阻技术要求》；

(10)GB/T 22714—2008《交流低压电机成型绕组匝间绝缘试验规范》；

(11)NB/T 31013—2019《双馈风力发电机技术规范》；

(12)JB/T 2839—2016《电机用刷握及集电环》；

(13)JB/T 4003—2001《电机用电刷》；

(14) JB/T 7836.1—2005《电机用电加热器 第 1 部分：通用技术条件》。

低风速型双馈发电机的设计除了要满足相关的国家标准和行业规范，还需要满足低风速环境应用的技术要求。低风速型双馈发电机设计中关键技术要点如下：

(1) 根据效率的要求，控制定子、转子铜耗及铁耗；

(2) 根据对电能质量的要求，采用适当的定子斜槽来消除谐波；

(3) 要选合适的槽配合及定子、转子接法来满足转子开口电压、电流的要求，与变流器匹配；

(4) 根据发电机的转速及空间结构，选择适当的气隙；

(5) 由于转子连接变流器，考虑转子的绝缘结构适应变流器的电压变化率；

(6) 根据超速要求，校核转子端部无纬带及转轴的挠度及临界转速；

(7) 根据防护等级及冷却方式选择合适的热负荷来满足温升要求。

1) 发电机电磁方案设计

发电机电磁设计主要围绕发电机的电气性能指标进行，满足在额定电压、额定转速下能够发出额定功率以及电能质量的相关要求。

普通的双馈发电机的电磁设计没有考虑低风速风场的环境条件和运行工况，因此低风速型双馈发电机电磁设计必须保证发电机在低风速段满足对发电机效率及运行性能的要求，突破传统的对发电机额定点性能优化的方法，改为从全功率段(尤其是低风速段)整体优化电磁方案入手，结合机组在各风速段的年运行时间，最终获得整体最佳的电磁方案。

电磁设计中，双馈发电机电磁场数值分析主要采用有限元法、边界元法和有限差分法。其中，有限元法在网格划分上较为灵活，有较大的适应性，能较好地保证计算精度，因而得到了广泛的应用。

双馈发电机的有限元分析的初步设计是基于麦克斯韦电磁场理论进行的。麦克斯韦方程组适用于稳定电场、稳定磁场、似稳电磁场和高频交变电磁场等不同情况，稳定电场和稳定磁场的场强都不随时间变化；似稳电磁场满足似稳条件，即场强随时间的变化"充分慢"，从场源到观察点之间的距离比波长短得多，从而在电磁波传播所需要的时间内，场源强度的变化极其微小，和稳定情况相似。

双馈发电机中的交变电磁场属于似稳电磁场，所以不考虑位移电流的作用，并且在电机中一般不存在静自由电荷，因此麦克斯韦方程组可表示为下面的微分形式：

$$\begin{cases} \mathrm{rot}\, \dot{H} = \dot{J} + \mathrm{j}\omega\dot{D} \\ \mathrm{rot}\, \dot{E} = -\mathrm{j}\omega\dot{B} \\ \mathrm{div}\, \dot{D} = \dot{\rho} \\ \mathrm{div}\, \dot{B} = 0 \end{cases} \tag{5-6}$$

式中，$\dot{H}$ 为磁场强度；$\dot{E}$ 为电场强度；$\dot{D}$ 为电位移，$\dot{D}=\varepsilon E$；$\dot{B}$ 为磁感应强度，$\dot{B}=\mu H$；$\dot{J}$ 为电流密度，$\dot{J}=\sigma E$；$\dot{\rho}$ 为电荷密度。其中 ε、σ 和 μ 分别称为电容率（介电常数）、电导率和磁导率。对于线性介质，它们是常数；对于非线性介质，它们随场强的变化而变化。

　　在初步设计的基础上，采用有限元法进行双馈发电机内部电磁场仿真和计算，以"场路结合"的原则优化双馈发电机内部电磁性能，达到最优设计的目标。通过建立双馈发电机的有限元模型并进行网格划分，可以对电机内部的电磁场进行数字仿真，根据电磁场分布云图可以校核电机电磁场分布是否合理。图 5-4 为双馈发电机有限元模型，图 5-5 为双馈发电机内部磁场分布。

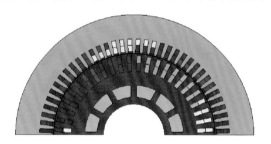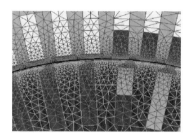

图 5-4　双馈发电机有限元模型

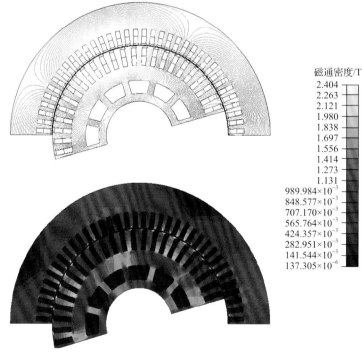

磁通密度/T
2.404
2.263
2.121
1.980
1.838
1.697
1.556
1.414
1.273
1.131
989.984×10^{-3}
848.577×10^{-3}
707.170×10^{-3}
565.764×10^{-3}
424.357×10^{-3}
282.951×10^{-3}
141.544×10^{-3}
137.305×10^{-6}

图 5-5　双馈发电机内部磁场分布

发电机电磁方案的优化设计原则如下。

(1) 槽配合的选择。采用槽配合符合 $Z_2 \leq 1.25(Z_1 + p)$ 的规则(避免在启动过程中产生较强的异步附加转动惯量),$q_2 = q_1 \pm 1$ 避免了附加损耗的产生。其中,Z_1 为定子槽数,Z_2 为转子槽数,p 为电机极对数。定子采用三角接、转子采用星形接,转子开口电压为 1800~1900V,保证变流器侧绝缘栅双极型晶体管(insulated gate bipolar transistor,IGBT)处于正常耐受电压区间。

(2) 气隙的确定。一方面,当气隙较大时,发电机励磁电抗较小,对发电机励磁装置容量的要求较高,所以应尽量减小发电机的气隙长度;另一方面,随着气隙的减小,谐波磁场和谐波漏抗将增大,谐波转矩和谐波附加铁耗增加,造成较大的噪声和较高的温升。因此,双馈发电机的气隙选择应在考虑发电效率、制造工艺的前提下,尽可能地减小气隙长度,得到气隙最优值。

(3) 电磁负荷的选择。考虑到双馈发电机的运行环境以及转子采用变流器进行交流励磁的情况,电磁负荷的选择应该考虑以下方面:

①当发电机转子采用电压型变流器供电时,应选取较大的电负荷和较小的磁负荷提高电机的漏抗,从而降低谐波电流,同时较低的磁密可以减小高次谐波在铁心中的损耗。

②当发电机转子采用电流型变流器供电时,应选取较小的电负荷和较大的磁负荷,以减小谐波漏抗,从而降低谐波电压。

③由于双馈发电机的调速范围较宽,低风速下双馈发电机的运行时间也较长,低风速时发电机的通风和散热较差,因此电磁负荷选取应低于标准系列。

(4) 谐波的削弱与抑制。谐波抑制是指削弱或消除谐波影响,使双馈发电机可靠稳定运行。从发电机本体方面抑制谐波的措施包括:

①定、转子槽型和斜槽。为了减小齿谐波,定子采用开口槽,转子采用半闭口槽,槽口部分可采用磁性槽楔来进一步减少槽开口以及由此引起的气隙磁导变化和齿谐波(由于成本、国产磁性槽楔性能及质量因素,该产品未采用磁性槽楔),定子采用斜槽的方法来减少齿谐波(斜一个转子槽距),虽然增加了定子铁心叠压工艺的复杂性,但对齿谐波的抑制有明显的效果。

②定子绕组采用短距。设计采用短距绕组,可以有效地消除或削弱 5、7、11、13 次等高次谐波。

2) 双馈发电机通风冷却设计

通风冷却设计及仿真校核,主要包括发电机冷却器及内部冷却回路的设计、集电环系统的冷却系统设计,通过采用路算与三维有限元仿真的方式进行校核,形成设计—仿真校核—修改设计的迭代优化设计方法,找到最优设计方案。

(1) 双馈发电机机座内部通风冷却设计。

双馈发电机机座内部冷却通道结构复杂,温度场计算多采用二维或三维数值计算，通风冷却系统的计算多采用等值风路法。等值风路法只能粗略地计算出风道内的平均流速，并不能真实反映出双馈发电机内部流体流动的实际状态，对双馈发电机内部冷却介质的流量分配特性以及流场情况难以得到准确的认识。

随着计算流体力学的发展，通风冷却系统的数值模拟逐渐发展，将等值风路法和计算流体力学数值模拟方法相结合，对定子、转子、气隙以及通风道内冷却气体的流场进行仿真，可得出电机内部流场的流体速度、流量分布等特性。通过场路相结合的方法，对双馈发电机通风冷却系统进行整体优化设计，为降低发电机定子、转子铁心和绕组的温升，提高电机运行可靠性奠定基础。

(2)集电环电刷通风冷却设计。

集电环电刷系统是双馈发电机中的重要组成部分。集电环电刷冷却系统设计研究既要考虑在满足冷却风量条件下控制离心风扇的功耗，又要保证集电环电刷在合适的温度范围内工作，同时冷却系统的通风方式还要便于碳刷碳粉的排放。

对于集电环电刷通风冷却系统，采用三维温度场和流场耦合的仿真计算方法，如图 5-6 所示，完成关键结构的等效风路和流体力学仿真计算工作，同时考虑结构设计及工艺的合理性，既要保证通风冷却系统性能良好，又要保证结构的安全和美观，以及制造加工的可行性和经济性。

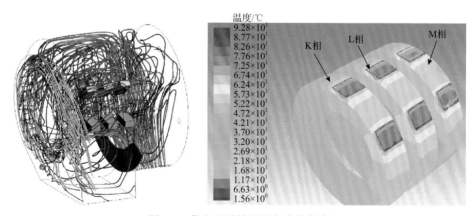

图 5-6　集电环系统通风与发热仿真

3)发电机绝缘结构设计

目前用双馈发电机的绝缘结构体系多为环氧树脂+酸酐固化双组分体系,云母带采用含促进剂少胶云母带。

环氧树脂采用浸渍工艺,是一种高纯度的真空压力浸渍(vacuum pressure impregnating, VPI)树脂,不含任何溶剂(包括活性稀释剂)。其高纯度、无挥发性,减少了绝缘结构内部气隙,使绝缘致密,电气性能和机械强度优异,局部放电率低,再加上采用旋转烘焙固化工艺,基本能控制胶的流失,使电机整体防潮性能优异,整体机械性能良好,而含活性稀释剂的无溶剂漆都将有比其多的树脂流失。

绝缘体系的环氧酸酐树脂+少胶云母带结构，具有优异的耐热性能，按 IEC 60216《电气绝缘材料 耐热性》系列标准检测，从弯曲强度下降至初始值的 50% 时间为失效终点，在 240℃、220℃和 200℃下试验，其结果为 20000h 的寿命。

总之，该树脂体系具有优异的电气、机械和耐热性能，以及低挥发环保性能、高的玻璃化转变温度以及低局部放电性能，适用于风力发电机绝缘。

4) 双馈发电机结构及工艺设计

双馈发电机结构设计主要包括双馈发电机定子结构设计、转子结构设计、机座结构设计、轴承单元结构设计和集电环系统结构设计等，当初步设计后，采用有限元仿真的方式模拟可能出现的极限工况，对初步设计结构进行校核。为满足机舱空间及安装尺寸、较高的效率及较宽的功率因数范围，低风速风力发电机组放弃了传统的 IMB3 的设计模式而采用 IMB20 的设计模式。独特的绝缘轴承结构设计，解决了采用绝缘轴承而导致的绝缘层失效率高的问题。集电环采用悬挂支撑，特殊固定结构，充分考虑散热从而提高了运行的安全稳定性。

工艺过程设计主要是根据发电机结构设计要求进行的工装、模具设计和工艺过程规范设计，需要结合工厂的工艺实际，选择最合理的工艺路线和工艺方法，降低制造过程中的潜在故障风险，提高发电机可靠性。轴承装配采用独特的冷压工艺。定子、转子绕组端部连接采用氩弧焊工艺，解决了现场由于温差大而导致的绕组开焊问题；定子、转子采用旋转烘焙工艺，能有效防止树脂的流失；转子绕组端部绝缘采用特殊绝缘结构，使得定子、转子绕组能在恶劣的运行环境下保持良好的绝缘性能。

5.3.3 低风速型双馈发电机优化

1. 发电机效率优化设计

普通双馈发电机应用于低风速风场主要存在的问题是在低风速区的损耗大、效率低，因此提高低风速风力发电机的效率是关键。

为提高低风速型双馈发电机的效率，需要进行低风速型双馈发电机的磁场分布研究，利用有限元法，进行磁场的合理分布。为降低通风损耗，采用多物理场耦合优化设计技术。同时，针对双馈发电机的运行特点，对其电磁方案、冷却系统和结构强度进行创新设计，使其在全功率段具有最佳的运行特性。

从发电机设计的角度，提高双馈发电机运行效率的方法主要如下：

(1)降低铁耗。降低铁耗有利于低风速时发电机效率的提高：一方面通过增大发电机体积、降低磁密来减小铁耗(冲片用大一号)；另一方面优化发电机的磁路结构，避免局部的磁路饱和来减小铁耗。此外，还可采用高质量、低损耗的硅钢片来减小损耗，如 50W310 硅钢片。

（2）降低铜耗。铜耗是发电机损耗的一个主要方面，因此通过降低铜耗来提高效率具有重要意义。减小铜耗的方法主要是减小绕组电阻，采用合理的端部连线方式减小连接部位电阻。

（3）减少机械损耗。机械损耗主要包括轴承的摩擦损耗、转子风道及风扇的风磨耗等，可以通过采用低黏性润滑油脂以及低损耗的冷却风扇来减小损耗。

（4）减小杂散损耗。杂散损耗主要包括高频铜耗、高频铁耗、由定/转子开槽而产生的漏磁在定/转子表面引起的表面损耗、由铁心叠片间绝缘不良引起的导通损耗，以及片间的涡流损耗等。通过优化定/转子槽配合、优化定/转子槽型、采用斜槽、采用合理的气隙长度可以大大降低杂散损耗。

此外，还可以通过减小谐波含量、优化绕组的匝数和铁心长度等参数来提高发电机的效率。

2. 结构的优化设计

在双馈发电机性能中，振动和噪声是双馈发电机的重要技术指标。振动是产生噪声的主要因素之一，双馈发电机的振动幅值及机座的声发射又与机座的固有频率和固有模态等机械振动特性有关，因此对双馈发电机的机座固有频率和固有模态进行优化分析十分重要。可以采用有限元法对机座的模态进行分析及优化。某型号低风速型双馈发电机机座模态分析结果如图 5-7 所示。

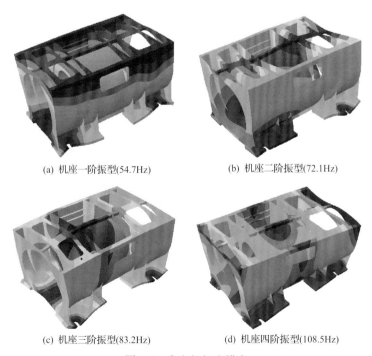

(a) 机座一阶振型(54.7Hz)　　　　　　　(b) 机座二阶振型(72.1Hz)

(c) 机座三阶振型(83.2Hz)　　　　　　　(d) 机座四阶振型(108.5Hz)

图 5-7　发电机机座模态

3. 通风冷却系统优化设计

低风速型双馈发电机的通风冷却系统是发电机温升满足技术指标的重要保证，对双馈发电机通风冷却系统进行优化设计非常重要。低风速型双馈发电机应采用双路对称的径向通风方式。

双馈发电机运行时，通过外加轴流风力机的鼓风作用，空气分三路进入发电机内部：一路直接进入转子铁心上的轴向通风孔，在转子风扇的作用下，流经转子上的径向通风沟，进入气隙；另一路吹拂转子端部线圈后轴向进入气隙，与第一路风汇合一起进入定子通风沟，冷却定子发热部件；第三路风冷却定子线圈端部后进入冷却器。从发电机内部出来的热风经冷却器冷却后，进入发电机进风口，如此周而复始。采用 Fluent、ICEM-CFD、Flowmaster 等流体仿真软件对双馈发电机风路进行优化，如图 5-8 所示，保证发电机定/转子风沟轴向风量、风速分布合理、均匀，能够为转子铁心和线圈温度的轴向一致性提供保障。

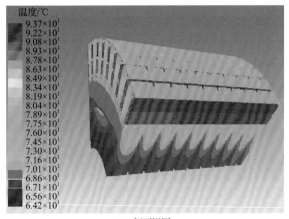

(a) 侧面视图

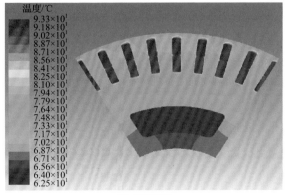

(b) 正面视图

图 5-8　定子及转子温度场

5.4　变　流　器

5.4.1　变流器工作原理

通过对双馈发电机转子侧励磁电压幅值、频率和相位的控制，在不同的电机转速下，保持定子侧的输出电压稳定。图 5-9 是双馈发电机变流器的控制框图，机侧 PWM 按指令要求负责输出励磁电压，网侧 PWM 负责保持稳定的直流母线电压，为机侧提供恒压源，另外还可以根据需要向电网提供一定的无功功率。

机侧模块和网侧模块都采用全控型半导体功率器件(IGBT)，三相全桥半波控制。每个模块有 6 个驱动脉冲，分别控制三相上下 6 个桥臂。采用电压定向的矢量控制，可以在四象限下运行，即电流方向可以正向也可以反向，电流可以超前电压也可以滞后电压。机侧转子电压和网侧电网电压的控制运行在 PWM 方式，工作原理如图 5-10 所示。以脉冲 1 为例，在每个三角载波周期内，当载波大于调制波时输出为低电平，当载波小于调制波时输出为高电平。脉冲 2 的情况与脉冲 1 相反。

5.4.2　变流器基本控制策略

1. 机侧控制算法

机侧 PWM 功率模块通常称为逆变器，其功能是通过 PWM 脉冲控制输出转子励磁电压。

对于采用电网电压定向的双馈异步发电机(doubly fed induction generator，DFIG)矢量控制，首先要把发电机的状态变量(定子电压、定子电流、转子电流)，从三相静止坐标系(abc)变换到两相静止坐标系($\alpha\beta$)，然后从两相静止坐标系转换到两相旋转坐标系(dq)，其中，以电网电压矢量的方向为 d 轴，进行旋转坐标变换。经过坐标变换，将原来有耦合关系的交流量转换成彼此独立的直流量，再对直流量进行控制。控制器输出也是直流量(转子电压参考值)，再经过与输入量相反的坐标逆变换转换成三相交流量，从而完成矢量控制。

变流器在并网前的控制原理如图 5-11 所示。

并网前，变流器工作在电压-电流环控制方式。电压环输入为电压设定值，经采样算出的实际电压作为电压环的反馈；电压环的输出作为电流环的输入，电流环根据电压环的指令实现励磁电流的调节。

并网后，变流器进入发电状态，此时的控制外环为功率环，内环仍是转子电流环，控制原理如图 5-12 所示。此时变流器工作在功率环-电流环控制方式。功率环的输入减去功率反馈得到功率环误差。功率环输出转子侧电流，经处理进入电流环，电流环输出转子侧电压，通过机侧调制 PWM 波进行转子励磁

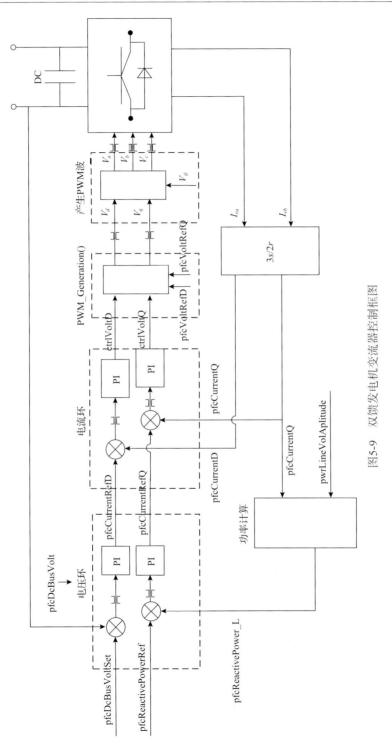

图5-9 双馈发电机变流器控制框图

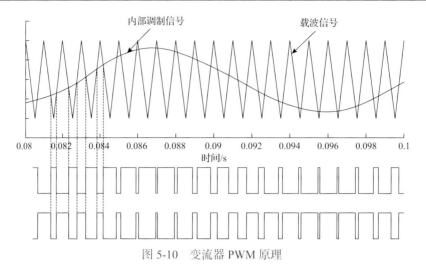

图 5-10　变流器 PWM 原理

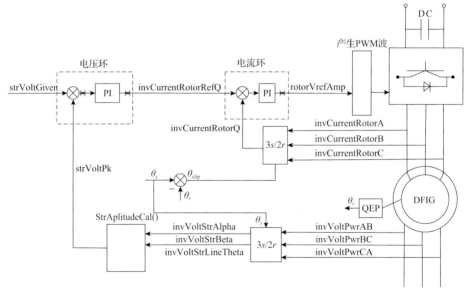

图 5-11　并网前变流器的控制原理

QEP 指正交编码脉冲电路

电压的控制，同时通过转子电流、定子电流和定子电压算出来的反馈量反馈回功率环与电流环实现闭环调节。

2. 网侧控制算法

网侧 PWM 模块通常称为整流侧，其功能是通过脉冲宽度调制，输出稳定的直流侧电压。控制方法采用电网电压定向的矢量控制，与机侧相同，网侧 PWM 模块也采用双闭环控制，外环为电压环，内环为电流环，网侧经坐标变换后的

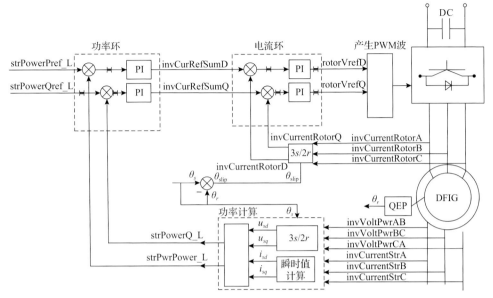

图 5-12 并网后变流器的控制原理

d 轴和 q 轴电流作为反馈量，母线电压根据电网电压水平确定，也可以直接设定为常数。电压环控制器输出作为网侧 d 轴电流量值，网侧 q 轴电流量值可以由所需要无功的量来确定，一般直接设置为 0。

3. 低电压穿越控制策略

变流器通过硬件采样回路将一系列模拟信号传入控制器，从而获得电网电压等信息，并根据电网电压有效值判断是否发生电压跌落。图 5-13 为风电场低电压穿越要求，变流器根据电压跌落情况将电网电压分为 5 个状态，图 5-14 为低电压状态机管理。

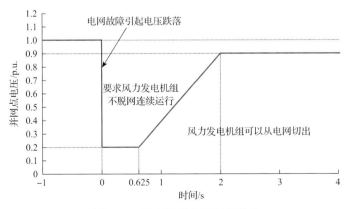

图 5-13 风电场低电压穿越要求

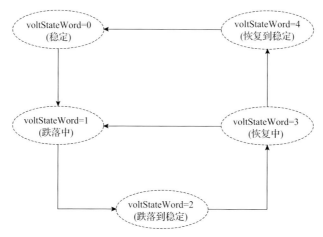

图 5-14 低电压状态机管理

当风电场并网点电压处于标称电压的 20%～90%区间时，风电场应能够通过注入无功电流支撑电压恢复；自并网点电压跌落出现的时刻起，动态无功电流控制的响应时间不大于 75ms，持续时间应不小于 550ms。

风电场注入电力系统的动态无功电流 I_T 由风电场在并网点电压故障期间的无功功率决定，按照我国风电并网的要求，无功电流 I_T 通过式(5-7)获得：

$$I_T \geqslant 1.5 \times \left(0.9 - U_T\right) I_N, \quad 0.2 \leqslant U_T \leqslant 0.9 \tag{5-7}$$

式中，U_T 为风电场并网点电压标幺值；I_N 为风电场额定电流。

实际应用中，变流器需要根据风电场并网点的动态无功电流要求，结合风电场集电系统参数，折算出变流器内部的无功电流与变流器出口电压之间的对应关系，保证风电场在发生电压跌落时发出相应的总无功电流。对电力系统故障期间没有切出的风电场，其有功功率在故障清除后应快速恢复，自故障清除时刻开始，以至少 10%额定功率每秒的变化率恢复至故障前的值。

根据实时电压采样，采用低电压状态机，将电网电压分为五个状态，如表 5-1 所示。

表 5-1 电网电压状态

电压状态字	状态字意义
0	电网电压正常
1	电网电压发生跌落，还没有跌落到稳定
2	电网电压跌落到稳定
3	电网电压开始恢复，还没有恢复到稳定
4	电网电压恢复到稳定

如表 5-1 所示，根据电压状态字 voltStateWord 的值来区分电网电压的不同状态，以采取不同的控制策略。当 voltStateWord 为 0 时，电网电压处于稳定状态，此时通过通信接收主控下发的并网、脱网、指定转矩万分比等指令，并执行主控下发的命令。如果变流器处于并网发电状态，通过转矩与发电机当时转速，折算出需要发出的功率，并通过功率环-电流环最终对转子侧电流进行控制，从而控制变流器发出的总功率。低电压穿越控制框图如图 5-15 所示。

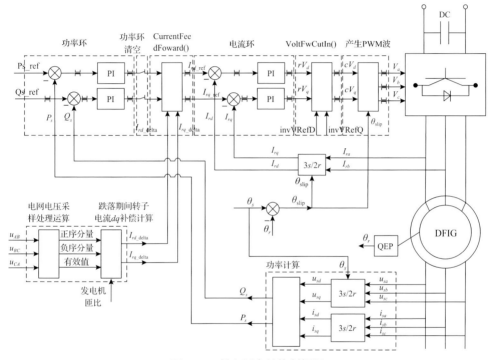

图 5-15 低电压穿越控制框图

5.4.3 变流器设计

1. 变流器结构设计

双馈发电机组的运行受制于电机转子端口电压，需要在特定的滑差范围内运行，电机发电转速也就被限制在一定的范围内。在该转速范围内，风力发电机组的输出功率大小直接取决于当前电机的转速和风速。这就使得在风速较低的工况下，如果风力发电机转速不能达到并网最低转速，则发电机不能并网发电。另外，从叶片的功率系数 C_p 曲线和双馈发电机的功率曲线对比可知，当风力发电机转速略高于系统并网最低转速时，双馈发电机组的并网输出功率较小，并没有跟踪最佳叶尖速比。

在这种情况下，双馈发电机组在低风速段的风能利用率远低于直驱风力发电机组的缺陷越来越明显。从成本和风力发电机的功率体积比角度考虑，双馈发电机组仍然具有很大优势，如果能够将双馈发电机组的成本优势和直驱风力发电机组的低风速优势结合起来，就能够充分解决当前风电资源紧缺和风能利用率低的现实问题。

低风速型双馈发电机组的运行方式如图 5-16 所示，相比于常规双馈发电机组，低风速型双馈发电机组的变流器在双馈发电机的定子与定子并网接触器之间增加了一个定子短接开关。定子并网开关和定子短接开关不能同时闭合，在电气上进行互锁，防止产生短路故障。同时，根据主控的需要，通过控制这两路开关的不同开、关逻辑，可以让系统运行在不同的工作模式下，进而满足不同的风况发电需要。

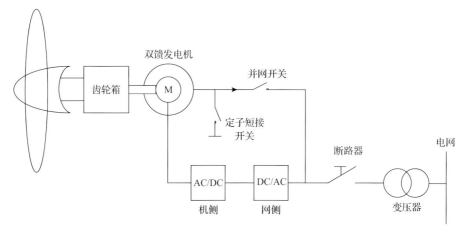

图 5-16　低风速型双馈发电机组运行方式

2. 变流器的双模控制策略

当风速过低，发电机转速达不到双馈运行范围时，发电机定子绕组短接，此时双馈发电机等效为三相绕线式异步发电机。同时，调整双馈变流器的控制方式，使风力发电机以异步模式并网发电。理论上，异步运行模式没有转速范围限制，但是转速越高，发电功率越高，定子短接电缆和定子短接开关容量需求越大，损耗也越大，影响了系统的经济性和效率。所以，异步模式下机组的最大输出功率应该控制在 1/5 额定功率以下。主控系统只需根据当前风况来判断机组的工作模式。为了避免因风速波动而导致机组在双馈系统并网转速附近进行反复的模式切换，有必要在过渡区采用滞环控制，具体运行模式的投切过程如图 5-17 所示。

变流器双馈模式、异步模式及两者之间的相互切换逻辑如下：

(1)异步模式启动运行。当风速长时间较低，无法进入双馈电机的滑差转速范

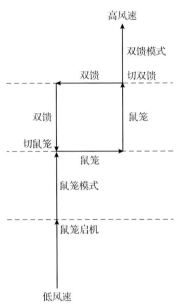

图 5-17　低风速型变流器双模切换策略

围内时，主控给变流器发送异步运行模式指令。变流器接到指令后，闭合定子短接开关，控制双馈电机以异步模式并网发电运行。变流器接收并响应主控给定的转矩指令，转速范围不受滑差限制。

（2）异步模式切换到双馈模式。当风速增大，转速提高进入双馈并网转速范围内时，主控给出双馈运行模式指令，变流器断开定子短接开关，以双馈模式同步并网，风力发电机以双馈模式运行发电，变流器响应主控的给定转矩指令，转速范围受滑差限制。异步模式到双馈模式切换时间在 10s 以内。

（3）双馈模式切换到异步模式。当风速持续较小，在双馈转速范围内无法以最优叶尖速比运行时，主控给出异步电机运行模式指令，变流器停止双馈运行模式，确认安全后自动切换到异步模式运行。风力发电机切换到异步电机模式运行后，继续响应主控的给定转矩指令，转速范围不受滑差范围限制，可以下限到较低电机转速。双馈模式到异步模式切换时间在 8s 以内。

（4）双馈模式启动运行。当现场风速持续较高时，主控通过变桨可以让电机转速快速升至双馈并网转速范围，风力发电机没有进入异步模式运行的必要，可以直接以双馈模式启动运行。

5.5　智能监测技术

目前，传统的风力发电机组采用事后运维的方式，当故障出现或者设备出现损坏后，安排人员进行维护工作。机组的智能化策略和智能检测欠缺，对设备风险和发电量有很大影响。风力发电机组智能监测系统是实现风力发电机组智能化的基础，是降低维护成本、提高机组可靠性的必要手段。

5.5.1　抗冰冻测风传感器

1. 抗冰冻测风传感器的意义

测风传感器通常裸露安装在机舱外的支架上，在低温、高寒、雨雪等恶劣环境下，测风传感器往往会因在低温下堆积雨雪而结冰，尤其是转动部件被冻住，会导致风速和风向数据测量不准，影响机组的准确偏航及运行控制。

在这种环境下，机组必须使用具有抗冰冻性能的测风传感器，这种传感器在低温及强雨雪天气依然可以正常运行，准确测量风速和风向，从而为风力发电机组进行准确的运行控制提供依据。

2. 抗冰冻测风传感器的结构组成

常见的抗冰冻测风传感器为机械式测风传感器，通常这种抗冰冻测风传感器的整体结构与普通测风传感器完全相同，即由固定的传感器本体和旋转的风杯或者风标组成。抗冰冻测风传感器外观如图 5-18 所示。

图 5-18　抗冰冻测风传感器外观

3. 抗冰冻测风传感器的特点

与普通测风传感器相比，抗冰冻测风传感器在构造工艺、加热方式上都有改进，具体如下所述。

1) 构造工艺

抗冰冻测风传感器的旋转部件支架、风杯、风标均采用硬质阳极氧化工艺处理，在同等情况下，比未采用该方法处理的测风传感器表面温度高 2～3℃，这样，在寒冷的雨雪天气下，该测风传感器裸露部件被冰冻的概率会明显降低。

2)加热方式

传统的测风传感器的加热装置安装在风杯和风标的下方，通过热辐射、热对流、热传导等方式将加热器的热量传导到风杯、风标等旋转部件，该方式能部分防止传感器结冰。该种加热方式会出现传感器旋转部分(风杯和风标)加热不均匀的情况，从而导致加热效率降低。抗冰冻测风传感器的加热元件会镶嵌在支架、风杯和风标内，同时采用电磁耦合技术，使静止壳体与转动部分之间以磁耦合方式进行电能传输。

以风杯为例，抗冰冻测风传感器加热结构如图 5-19 所示，其中，1 为风杯旋转支架，2 为加热元件，3 为上磁环，4 为下磁环，5 为风杯。在旋转过程中，磁环之间通过电磁耦合产生热量，从而保证了旋转部分的热量提供。

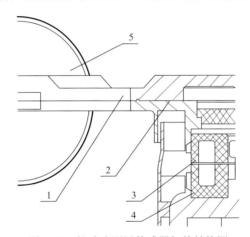

图 5-19　抗冰冻测风传感器加热结构图

4. 抗冰冻测风传感器的加热原理

抗冰冻测风传感器采用电磁耦合技术进行加热，该加热性能高效，其加热控制也采用更加精确的控制方式。

1)精密采温

同时采集测风仪支架内部和外部的温度，来检测旋转部件表面的温度，从而实现加热回路的精准控制。

2)恒温加热

当风杯、风标、支架表面温度低于一定温度时，加热器开始加热，当温度高于一定温度时加热器断开加热，这使旋转部件、风杯、风标表面温度相对恒定。

根据环境和传感器自身温度的变化，传感器可以自动调节加热状态。支架则采用全封闭方式，也使热量损耗极少，从而保证测风传感器在低温雨雪恶劣条件下能够正常工作。

5.5.2　结冰监测

低风速区域一般位于我国南部地区，最低温度在冰点附近，冻雨和霜冻等气象条件经常发生，容易导致风力发电机组叶片部件发生结冰现象，影响发电机组发电效率和安全，应加装除冰装置，主动根据结冰监测系统的指令自动进行除冰作业。

结冰监测系统由结冰探测器和结冰状态分析仪构成，用来监测机组的结冰情况，若结冰超过预警值，则进行报警停机。结冰探测器装在气象架上，通过对反射光的测量来计算结冰情况，将报警值传给主控，具备通信功能，可以观察温度并设置结冰报警阈值，如图 5-20 所示。

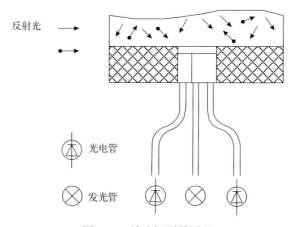

图 5-20　结冰探测器原理

5.5.3　发电机轴承故障智能监测

轴承故障是双馈发电机故障中占比较大的一类故障，对轴承的运行状态监控格外重要。双馈发电机设计阶段，在关键部位设置传感器，并通过与机组的故障智能检测系统配合，完成机组对双馈发电机状态的实时智能监测。

1. 发电机轴承故障分类

发电机轴承故障分为机械故障和润滑故障两类(图 5-21)，其中润滑故障发生频次较高，但处理难度相对较小；机械故障多为轴承跑圈、滚道、滚子损伤。

2. 轴承温度监测

发电机轴承故障的最显著特征就是轴承温度异常升高，达到甚至超过机组设

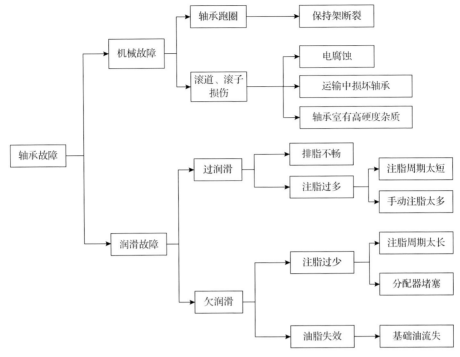

图 5-21　发电机轴承故障分类

定的保护限值(95℃)，引发机组停机。目前国内风电行业通用的方式是采用直接安装在轴承结构主要部件(轴承座、轴承外盖或轴承内盖)上的测温元件 Pt100 监测轴承温度。

目前对轴承温度的监控措施，往往采用被动模式，正常情况下只监测，不评估，直到轴承温度超过报警值后，系统才报警。这种监测模式过于简单，未对轴承的温升速率进行分析，也不能及时预警潜在的故障风险，更无法仅凭监测到的温度数据得出轴承故障的类型(机械故障或者润滑故障)。

对于发电机轴承温度的监测，应采用智能化的监测模式，通过设置独立的智能监测系统或在主控系统中建立轴承故障评估逻辑，结合机组实时运行参数及发电机试验中对不同工况下正常参数的标定，建立风险等级评估体系，综合判断发电机轴承温度正常与否。

3. 轴承振动监测

现有的振动监测系统同样存在简单的监控模式，只是作为故障发生后的历史数据存在，对前期实时监测及存储的数据并未进行行之有效的分析。轴承振动监测主要用于判断轴承的机械性损伤情况。轴承发生机械性损伤时，会伴随出现轴承异响、轴承部位振动参数(速度、加速度)超差等问题。目前，可通过专业的机组振动在线状态监测系统(condition monitoring system，CMS)，对轴承振动状态及损伤情况进行预评估及预警。

5.6　安　全　系　统

保障风力发电机安全运行是风电场生产的首要任务，尤其是当出现对风力发电机组造成重大伤害的故障时，风力发电机的控制系统应能以最快的速度将机组控制在安全状态，最大限度地保证机组的安全。当控制系统不能保持风力发电机组运行在安全范围内，或机组运行参数超过相关安全极限时，由安全系统执行安全策略，实现机组的安全保护功能。安全系统执行安全功能主要体现在三个层面：①通过达到安全功能的目标概率保证实现安全；②安全设备发生故障时，仍能保证系统不会发生危险事件，或降低其危险严重性；③持续监视安全功能是否能实现，即当安全相关功能失效时，可及时收到信息反馈。当安全系统任意一个硬件的随机故障、系统故障或共因失效均不会导致安全系统的失效，以及引起人员伤害或死亡、环境的破坏、设备财产的损失时，则认为系统是功能安全的。

5.6.1　安全系统概况

风力发电机组的安全系统在行业内称为安全链，它将对风力发电机组造成致命性伤害的故障点串联起来，当这些致命保护中的任何一个点断开时，机组将会进入紧急停机状态以保护机组安全。安全系统是整个风力发电机组的最后一道保护，独立于计算机系统的软硬件保护措施，与控制系统功能相互独立，且安全系统在逻辑上优先于控制系统。安全系统的任务是在风力发电机组发生故障时保证机组按照安全策略工作，即使控制系统发生异常也不会影响全链的正常动作。

国内风力发电机组整机供应商在安全系统设计过程中普遍依据风力发电机组设计国标执行，同时结合了风力发电机组设计标准、认证规则中的设计要求，主要包括对安全系统相关部件(传感器、控制器、执行机构)可靠性的定性要求。安全系统结构的基本设计思路是应用系统冗余和故障监测手段避免非安全元件的单一失效，应用相异技术、失效安全设计理念降低单一故障引起危险的可能性。

5.6.2　安全系统设计标准

1995 年，欧洲颁布了机械领域的安全标准 EN 954。美国仪表学会在 1996 年制定了过程工业的安全仪表系统相关标准 ANSI/ISA S84.01，该标准被美国职业安全与健康管理局、美国国家环境保护局立法强制执行。国际电工委员会 2000 年颁布了功能安全的基础标准 IEC 61508《电气/电子/可编程电子安全系统的功能安全》。该标准明确了功能安全的概念，并提供了一个全面的可编程电子系统实现功能安全的管理框架。

GB/T 18451.1—2022《风力发电机组 设计要求》等同于采用 IEC 61400-1: 2005《风力发电机组 第 1 部分：设计要求》。该标准尚未引入功能安全概念且对风力发电机组安全性能指标没有定量的评价体系，标准对风力发电机组安全系统设计主要要求如下。

1. 安全系统输入要求

设定必要的触发条件，如超速、发电机超载或出现故障、振动过大、非正常电缆缠绕(由机舱偏航旋转造成)，使得当控制系统失效、内外部故障或危险事件发生时，安全系统被激活起到保护作用，使风力发电机组保持安全状态。

2. 安全结构类别要求

通过合理的结构设计避免单一失效。安全功能通常应能在执行安全功能的任何非安全寿命零件或系统供电设备出现任何单独失效或故障情况下对风力发电机组进行保护。系统中执行控制功能的传感器或非寿命安全的构件的任何单独故障不应导致安全功能失效。

3. 安全系统输出要求

通过制动系统设计，在风力发电机组风速小于维修规定的风速限值时，保证紧急停机按钮应可以使风力发电机组从任何运行状态返回空转状态，保证叶轮完全停止，中高压系统断电。

5.6.3 安全系统构成及功能设计

1. 安全系统构成

安全系统一般由逻辑部件、输入和输出部件两部分组成。其中，安全系统逻辑部件由安全继电器向安全模块、安全 PLC 发展；对安全系统相关部件的研究重点将逐步由逻辑部件向输入和输出部件转移，逐步将安全性能评估和认证推广到输入和输出部件中。

1)逻辑部件

(1)安全继电器。

安全继电器一般用于控制单一安全功能，适用于小型安全控制系统。安全继电器的优点在于处理信号直接快速，设计简单明了，易于更换，运行维护人员操作简单，成本较低；缺点在于只能处理一种类型的信号，即触点型或者 PNP 型有源信号。机组安全系统故障排查困难、系统扩展困难，不能实现复杂的安全逻辑。

(2)安全模块。

安全模块基于安全继电器的原理特性设计，具有更强的逻辑运算能力和更高的安全等级，主要体现在输入/输出的周期性诊断、检测、反馈监控。安全模块能够处理复杂的逻辑，能够通过硬件自诊断功能存储模块状态，便于快速排查安全模块本体故障原因。安全模块的优点是支持多种信号类型的接入、逻辑处理功能强、编程灵活、操作便捷、方便系统扩展；脉冲检测的机制可监测输入、输出可能发生的各种故障，实现硬件自身故障诊断和在线动态监控。安全模块的缺点是维护人员需要专业培训，硬件自身故障诊断需要专业软件和设备。随着风电行业的发展和安全意识的深入，可编程安全模块成为安全策略实现的当前趋势。

(3)安全PLC。

安全PLC在安全模块的基础上实现了更复杂的安全控制需求，能够处理大型安全控制系统数据。结合当前的离散式输入/输出分布控制，能够实现全程、大型、复杂的安全控制要求。在安全模块功能的基础上，安全PLC能够实现复杂的逻辑计算和信号采集处理。安全PLC的优点是支持接入多种信号类型、处理复杂的逻辑，可进行模拟量、绝对值、增量式等特殊信号的采集和处理，可以实现安全系统输入、输出状态信号存储。安全PLC的缺点是维护人员需要专业培训，成本较高。安全PLC作为一个新兴的安全控制方案，具有更丰富的控制和互联手段，正受到越来越多的重视。

2)输入和输出部件

安全系统相关部件属于风力发电机组的关键部件，随着设计和运行经验不断丰富，设计人员逐渐发现安全系统的性能主要取决于系统的输入和输出部件而不是逻辑控制部件，它们也是目前设计方案中的薄弱环节。因此，在实际选型时一般选用经过现场长期运行验证的高可靠性的品牌和型号，并严格控制新产品开发过程中的样机和小批量试用的流程以保证设备安全性能。对安全系统相关部件研究的重点将逐步由逻辑部件向输入和输出部件转移，逐步将安全性能评估和认证推广到输入和输出部件中。

2. 安全系统功能设计

为了正确实施安全功能,需要规定风力发电机组每个安全功能所要求的特征,列举风力发电机组主要安全功能的特征如下。

1)传感器触发的安全功能

安全停止功能被触发后应立即使机器进入安全状态，这种停止功能应优先于操作原因引起的停止，设计典型特征如下。

(1)安全停止功能的触发。

一般触发安全系统安全停止功能的信号详见表5-2。当有关安全参数偏离了当前限值时激活触发信号。要求触发安全系统的信号采用故障保护方式,即低电平视为故障的信号。采用低电平为故障信号的方法可避免断线故障使安全系统失效,当采用高电平为故障信号的方式时,若发生断线故障则不能有效触发安全系统。

表 5-2 触发安全系统安全停止功能的典型信号

编号	传感器 SRP/CS	安全功能分配
1	急停按钮	急停监测
2	安装于偏航机构上的凸轮开关	偏航超限监测
3	控制系统看门狗	控制器状态监测
4	超速传感器	超速监测
5	振动传感器	机舱振动(冲击)超限
6	电能模块	过功率监测
7	变流器和电能模块	短路监测
8	控制系统输入/输出	控制器触发安全系统动作

(2)安全停止功能的执行。

安全系统安全停止功能的执行主要由风力发电机组制动系统完成,各部件执行的安全功能一般要求如下:应在变桨系统的协助下降低电机转速,在变流器主断路器和高压侧断路器的作用下使风力发电机组与电网断开,高速轴制动只有在紧急停机按钮被触发且转速低于安全值的情况下才被触发,当偏航超限时,禁止偏航系统执行偏航操作。安全系统每个安全功能要求应至少接入两套相互独立的制动系统,并独立于控制系统功能。

(3)安全停止功能的控制逻辑。

风力发电机组安全停止功能控制逻辑独立于控制系统,且其优先级高于控制系统,一旦安全停止功能被触发,安全系统需要迅速通过控制使机组进入安全状态。安全系统通过控制逻辑判断安全系统输入信号情况,并通过安全系统输出控制执行机构动作。当输入信号断开时,安全系统被触发。安全级别的触发条件和响应级别可参考表 5-3 和表 5-4。

2)安全系统复位功能

安全系统发出停止指令后,停止状态应保持到安全复位状态为止。通过复位解除停止指令后才能恢复安全功能。可采用如下复位方案:通过控制系统中安全相关部件(safety-related part of a control system, SRP/CS)内的一个独立的手动操作装置来实现复位,只有所有安全功能和 SRP/CS 处于工作状态时才能实现复位,复位过程不能引起启动或危险状态,应谨慎进行复位操作。

表 5-3　安全功能触发条件和响应级别

编号	安全功能触发条件	响应级别
1	按下急停按钮	人员级别
2	偏航限位开关	偏航系统级别
3	看门狗信号	偏航系统级别
4	超速	风力发电机组级别
5	振动	风力发电机组级别
6	过功率	风力发电机组级别
7	短路	风力发电机组级别
8	控制器触发安全系统	风力发电机组级别

表 5-4　执行机构对应的响应级别

响应级别	执行机构			
	变桨系统	偏航继电器	电网和发电机侧断路器	转子制动
人员级别	√	√	√	√
偏航系统级别	√	√		
风力发电机组级别	√			

注："√"表示当处于该安全级别时应做出响应的执行机构。

3）安全系统启动和重启功能

要求只有当不可能存在危险状态的情况下，才能自动重启。即只有在安全系统相关安全功能全部就位并生效后才能启动风力发电机组恢复运行，启动功能应通过专用电路实现。

风力发电机组触发安全保护功能时会禁止某些操作，例如，风力发电机组偏航超限触发安全系统后，偏航功能将被禁止，如需操作偏航电机恢复机舱偏航位置，需采用手动控制。这种手动控制采用旁路按钮辅助执行，按下旁路按钮的同时，控制偏航电机执行偏航动作，抬起旁路按钮后，防止偏航电机运转。

4）防止安全系统意外触发功能

当电网掉电时，安全系统将由风力发电机组后备电源持续供电，因此安全系统在电网掉电后可持续正常工作几分钟。在这种情况下，风力发电机组将由控制系统控制机组停机。电网故障不属于风力发电机组故障，因此不应触发风力发电机组安全系统。

5）防止安全系统意外启动功能

如果在电网长时间掉电前安全系统已经被触发，则在电力恢复后，要求安全系统仍能保持被触发状态。一些传感器的机械结构保证了上述功能要求,例如,E-Stop 按钮、机组偏航机械限位开关可保持自身的触发状态;部分传感器应用了非易失性存储也可通过自身实现上述功能,但超速传感器、过功率测量模块等,一般在电网失电后会丢失触发信号。在这种情况下,机组控制系统应在非易失性内存中存储这些安全触发状态,当主电源恢复正常后由 PLC 再次触发安全系统。

6)安全系统故障记录功能

风力发电机组控制器不直接参与安全系统逻辑,将安全系统的输入、输出信号接入风力发电机组控制系统,直接监测信号或间接监控信号继电器辅助触点,可实现安全系统的故障记录,并通过控制系统识别触发安全系统的原因。表 5-5 描述了一般情况下由控制系统记录的安全功能的相关信号,机组控制系统将这些信号作为日志存储,用于故障后的分析。

表 5-5 故障记录信号

编号	控制器监测与记录信号
1	安全系统响应级别
2	急停按钮
3	变流器短路信号
4	低速信号
5	超速信号
6	振动信号
7	过功率信号
8	上电复位信号
9	偏航限位开关
10	高速轴制动
11	其他信号

本章介绍了低风速风力发电机组的电气系统,包括电气系统的构成、功能、设计方法及依据的标准。从发电机、变流器、智能传感器和安全系统等方面对比分析了低风速风力发电机组电气系统的特点和设计方法。随着风电并网技术的不断发展,电网对风力发电机组电气外特性的要求不断提高,风力发电机组电气系统的设计将会融合越来越多的智能化与信息化的设计要求。

参 考 文 献

[1] 张军利. 双馈风力发电机组控制技术[M]. 西安: 西北工业大学出版社, 2018.

[2] 李发海, 朱东起. 电机学[M]. 5 版. 北京: 科学出版社, 2013.

[3] 刘鑫, 曲延滨. 双馈风力发电系统最大功率追踪双模控制研究[J]. 电气传动, 2013, 43 (6): 20-23.

[4] ISO. EN ISO 13850: 2015. Safety of machinery—Emergency stop function—Principles for design[S]. London: British Standards Institution, 2015.

第6章 控制系统

风力发电是将风能转换为机械能再将机械能转换为电能的过程，其中风力机及其控制系统将风能转换为机械能，发电机及其控制系统将机械能转换为电能。风力发电机组的控制系统是综合性控制系统，通过主动或被动的手段控制风力发电机组的运行，并保持运行参数在正常范围内。主控系统不仅要监视电网、风况和机组运行参数，对机组进行并网、脱网控制，以确保运行过程的安全性和可靠性，而且还要根据风速、风向的变化，对机组进行优化控制，以提高机组的运行效率和发电量。

本章主要介绍低风速风力发电机组控制系统的硬件结构和控制策略，具体介绍主控系统的硬件组成及工作原理，控制系统硬件平台是风力发电机组软件控制代码运行的硬件平台，采用的 PLC 的性能优劣直接影响风力发电机组的运行性能和故障率，对风力发电机组的安全性、稳定性和发电量造成直接影响。风力发电机组的基本控制方式包括转速-转矩控制和转速-桨距角控制，转速-转矩控制确保运行在低于额定风速时风力发电机组最大功率吸收，转速-桨距角控制确保运行在高于额定风速时风力发电机组吸收恒定的功率。本章针对大叶轮风力发电机组高风速段载荷控制技术难题，介绍动态推力消减控制技术、传动链阻尼主动调节控制技术、独立变桨控制技术、柔性高塔筒共振避让穿越控制技术、变速率收桨停机控制技术等一系列的先进控制技术。

6.1 控制系统概述

风力发电系统主要由风力发电机组和升压变电站组成。风力发电机组是将风的动能转换为机械能，再将机械能转换为电能输送到电网的机电一体化设备。升压变电站则把风力发电机组发出的电能升压到电网电压，再送入电网。

风力发电机组主要分为风轮(叶片和轮毂)、机舱、塔架和基础等部分。如按功能分，由传动系统、偏航系统、液压系统、制动系统、发电机以及控制和安全系统等组成。风力发电机组控制系统的作用是协调叶轮、传动机构、偏航、制动等各主辅设备，确保风力发电机组的设备安全稳定运行，通常是指接收风力发电机组及其工作运行环境信息，调节机组使其按照预先设定的要求运行的系统。控制系统通过对执行机构的控制，提高风力发电机组运行效率，确保风力发电机组安全运行。控制系统对风力发电机组出现的故障予以检测，特别是涉及如超速、振动、过功率、过热等故障，并采取完善的保护措施。

风力发电机组控制系统是整机设计的关键技术，决定机组的性能与结构载荷的大小与分布。一个高性能的风力发电机组控制系统能提高机组年发电效率，提高电能质量，降低噪声及成本。

6.1.1　控制系统的发展现状

风力发电机组的控制系统是综合性控制系统，它不仅要监视电网、风况和机组的运行参数，在各种正常或故障情况下脱网停机，以确保运行的安全性与可靠性，还要根据风速与风向的变化，对机组进行优化控制，以保证机组稳定、高效地运行。

首先考虑到自然风速的大小和方向是随机变化的，风力发电机组的并网与脱网以及对运行过程中故障的检测和保护必须能够实现自动控制。进一步考虑到运行过程中机组能否高效地获取风能，即如何控制风力发电机组使其在各种风况下均能高效地将风能转换成机械能。同时，风力发电机组的各种控制策略，与风力发电机组结构动力学密切相关，直接影响结构载荷和主要部件的使用寿命。风力资源丰富的地区通常都是边远地区甚至海上，分散布置的风力发电机组通常要求能够实现无人值班运行和远程监控。所有这些，均对风力发电机组的控制技术提出了很高的要求。

最先实现商业化运行的定桨距失速型风力发电机组，由于其功率输出是由桨叶自身的性能来限制的，叶片的桨距角在安装时已经固定，而发电机的转速受到电网频率限制，因此在运行过程中对由风速变化引起输出能量的变化是不做任何控制的。这就大大简化了控制技术和相应的伺服传动技术，也是定桨距失速型风力发电机组能够在较短时间内实现商业化运行的主要原因。定桨距失速型风力发电机组在控制方面主要解决了软并网技术、空气动力制动技术、偏航与自动解缆技术等问题。

基于转子电流控制器(rotor current controller，RCC)进行有限变速的全桨变距有限变速风力发电机组开始进入风力发电市场。采用全桨变距的风力发电机组，启动时可对转速进行控制，并网后可对功率进行控制，使风力发电机组的启动性能和功率输出特性都有显著的改善。风力发电机组的液压系统不再是简单、以制动为目的的执行机构，为实现变桨距控制，它自身已组成闭环控制系统，采用了电液比例阀或电液伺服阀。这一切都使风力发电机组的控制水平提高到一个新的阶段。

由于全桨变距有限变速的风力发电机组在低于额定风速运行时的效果仍不理想，到了20世纪末，基于变速恒频技术的各种变桨距风力发电机组开始进入风电场。变速恒频风力发电机组的控制系统与定桨失速风力发电机组的控制系统的根本区别在于，变速恒频风力发电机组叶轮转速允许根据风速情况在相当宽的范围内变化，从而使机组获得最佳的功率输出表现和控制特性。变速恒频风力发电机组的主要特点是：当低于额定风速时，它能最大限度地跟踪最佳功率曲线使风力发电机组具有较高的风能转换效率；当高于额定风速时，它增加了整机的控制柔性，使功率输出更加稳定。可以说，风力发电机组的控制技术从机组的定桨距恒速运行发展到基于变速恒频技术的变速运行，已经基本实现了风力发电机组从能够向电网提供电力到理想地向电网提供电力的目标。

6.1.2　控制系统的总体结构

控制系统贯穿风力发电机组的每个部分，相当于风力发电机组的神经。因此，控制系统的好坏直接关系到机组的工作状态、发电量的多少以及设备的安全性。目前风力发电亟待研究解决的两个问题是发电效率和发电质量，这两个问题都和风力发电机组控制系统密切相关。对此，国内外学者进行了大量的探索和研究，现代控制技术和电力电子技术的发展为风电控制系统的研究提供了技术基础。

对于不同类型的风力发电机组，其控制单元有所不同，主要是因为发电机的结构或类型不同而使得控制方法不同，从而形成多种结构和控制方案。在大多数情况下，风力发电机组控制系统由传感器、执行机构和软/硬件处理器系统组成，其中处理器系统负责处理传感器输入信号，并发出输出信号控制执行机构的动作。传感器一般包括如下装置：

(1)风速仪；

(2)风向标；

(3)转速传感器；

(4)电量采集传感器；

(5)桨距角位置传感器；

(6)各种限位开关；

(7)振动传感器；

(8)温度和油位指示器；

(9)液压系统压力传感器；

(10)操作开关、按钮等。

执行机构一般包括液压驱动装置或电动变桨距执行机构、发电机转矩控制器、发电机接触器、制动装置和偏航电机等。

处理器系统通常由计算机或微型控制器和可靠性高的硬件安全系统组成，以实现机组运行过程中的各种控制功能，同时必须满足当严重故障发生时，能够保障风力发电机组处于安全的状态。

风力发电机组控制系统的基本目标分为三个层次，即保证风力发电机组安全可靠运行、获取最大能量和提供高质量的电能。控制系统主要由各种传感器、变距系统主控制器、功率输出单元、无功补偿单元、并网控制单元、安全保护单元、通信接口电路监控单元等组成。具体控制内容有信号的数据采集和处理、变桨控制、转速控制、自动最大功率点跟踪控制、功率因数控制、偏航控制、自动解缆、并网和解列控制、停机制动控制、安全保护、就地监控、远程监控等。

6.1.3　控制系统的基本功能

控制系统与安全系统是风力发电机组安全运行的大脑指挥中心，控制系统的安全运行保证了机组安全运行，通常风力发电机组运行所涉及的内容相当广泛，就运行工况而言，包括启动、停机、功率调节、变速控制和事故处理等方面的内容。

风力发电机组的正常运行及安全性取决于先进的控制策略和优越的保护功能。控制系统应以主动或被动的方式控制机组的运行，使系统运行在安全范围内，且各项参数保持在正常工作范围内。控制系统可以控制的功能和参数包括功率极限、风轮转速、电气负载的连接、启动及停机过程、电网或负载丢失时的停机、扭缆限制、机舱对风、运行时电量和温度参数的限制。

保护环节以失效保护为原则进行设计，即当控制失败，风力发电机组内部或外部故障引起机组不能正常运行时，系统安全保护装置动作，保护风力发电机组处于安全状态。引起控制系统自动执行保护功能的情况有超速、发电机过载或故障、振动超限、电网或负载丢失、脱网时停机失败等。

6.2　控制系统硬件结构

风力发电机组的控制系统是一个综合性系统，尤其是对于并网运行的风力发电机组，控制系统不仅要监视电网、风况和机组运行数据，对机组进行并网与脱网控制，以确保运行过程的安全性和可靠性，还需要根据风速和风向的变化对机组进行优化控制，提高机组的运行效率和发电质量，这正是风力发电机组控制中的关键技术。图 6-1 为低风速风力发电机组控制系统的总体结构。

风力发电机组的 PLC 对于机组的控制属于离散型控制，是将风向标、风速计、风轮转速、发电机的电压、频率、电流，电网的电压、电流、频率，发电机和增速齿轮箱的温升，机舱和塔架等的振动，电缆过缠绕等传感器的信号经过模数转换输送给控制器，由控制器根据设计程序发出各种控制指令。控制系统主要硬件分别放置在机舱控制柜和塔基控制柜中。

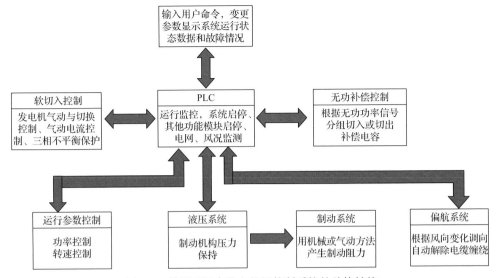

图 6-1 低风速风力发电机组控制系统的总体结构

6.2.1 可编程逻辑控制器的组成及其各部分功能

PLC 虽然外观各异，但其硬件结构大体相同，主要由中央处理器(central processing unit，CPU)、随机存取存储器(random access memory，RAM)、只读存储器(read-only memory，ROM)、输入/输出接口(input/output interface)、电源及编程设备几大部分构成。PLC 的硬件结构框图如图 6-2 所示。

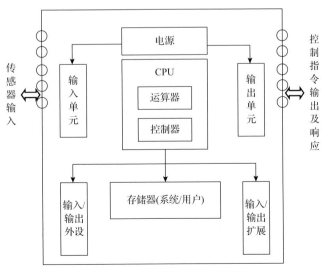

图 6-2 PLC 的硬件结构框图

1. CPU

CPU 是 PLC 的核心，它在系统程序的控制下，完成逻辑运算、数学运算、协调系统内部各部分工作等任务。一般来说，PLC 的档次越高，CPU 的位数越多，运算速度越快，指令功能也越多。为了提高 PLC 的性能和可靠性，有的一台 PLC 上采用了多个 CPU。CPU 按 PLC 中的系统程序赋予的功能指挥 PLC 有条不紊地工作，完成如下工作：

(1)诊断 PLC 内部电路工作状况和程序语言的语法错误等；

(2)采用扫描的方式通过输入/输出接口，接收编程设备及外部单元送入的用户程序和数据；

(3)从存储器中逐条读取用户指令，解释并按指令规定的任务进行操作运算等，并根据结果更新有关标志和输出映像存储器，由输出部件输出控制数据信息。

2. 存储器

存储器是 PLC 存放系统程序、用户程序及运算数据的单元，和计算机一样，PLC 的存储器可分为只读存储器和随机存取存储器两大类。只读存储器是用来存放永久保存的系统程序，一般为掩膜只读存储器和可编程电改写只读存储器。随机存取存储器的特点是写入与擦除都很容易，在掉电情况下存储的数据会丢失，一般用来存放用户程序及系统运行中产生的临时数据。为了能使用户程序及某些运算数据在可编程控制器脱离外界电源后也能保持，机内随机读写存储器均配备了电池或电容等掉电保持装置。

3. 输入/输出接口

输入/输出接口是 PLC 和工业控制现场各类信号连接的部分。输入接口用来接收生产过程的各种参数，并存放于输入映像寄存器(又称输入数据暂存器)中。PLC 运行程序后输出的控制信息刷新输出映像寄存器(又称输出数据暂存器)，由输出接口输出，通过机外的执行机构完成工业现场的各类控制。生产现场对 PLC 接口的要求，一是要有较好的抗干扰能力，二是能满足工业现场各类信号的匹配要求，因此厂家为 PLC 设计了不同的接口单元。

4. 电源

PLC 的电源包括为 PLC 各工作单元供电的开关、电源及为掉电保护电路供电的后备电源，后备电源一般为电池。

5. 编程软件

PLC 的特点是它的程序是可变更的，能方便地加载程序，也可方便地修改程序。编程软件除了编程，还具有一定的调试及监控功能，能实现人机对话操作，如倍福控制器的 TwcinCat、巴合曼控制器的 SolutionCenter 等。

6.2.2 可编程逻辑控制器的工作原理

PLC 的工作原理与计算机的工作原理基本是一致的，可以简单地表述为在系统程序的管理下，通过运行应用程序完成用户任务。个人计算机与 PLC 的工作方式有所不同，个人计算机一般采用等待命令的工作方式，如常见的键盘扫描方式或输入/输出扫描方式。当键盘有键按下或输入/输出接口有信号时，中断转入相应的子程序；而 PLC 在确定了工作任务，装入了专用程序后成为一种专用机，它采用循环扫描工作方式，即系统工作任务管理及应用程序执行都是以循环扫描方式完成的。

1. 分时处理及扫描工作方式

PLC 系统正常工作时要完成如下任务：

(1) PLC 内部各工作单元的调度、监控；

(2) PLC 与外部设备间的通信；

(3) 用户程序所要完成的工作。

这些工作都是分时完成的，每项工作又都包含着许多具体的工作，以用户程序的完成来说又可分为以下三个阶段。

1) 输入处理阶段

输入处理阶段又称输入采样。在这个阶段中，PLC 读入输入接口的状态，并将它们存放在输入数据暂存区中。在执行程序过程中，即使输入接口状态有变化，输入数据暂存区中的内容也不变，直到下一个周期的输入处理阶段，才读入这种变化。

2) 程序执行阶段

在这个阶段中，PLC 根据本次读入的输入数据，依用户程序的顺序逐条执行用户程序。执行的结果均存储在输出状态暂存区中。

3) 输出处理阶段

输出处理阶段又称输出刷新阶段，这是一个程序执行周期的最后阶段。PLC 将本次用户程序的执行结果一次性地从输出状态暂存区送到各个输出接口，对输出状态进行刷新。

这三个阶段也是分时完成的，为了连续地完成 PLC 所承担的工作，系统必须周而复始地依一定的顺序完成这一系列的具体工作，这种工作方式称为循环扫描工作方式。

2. PLC 的两种工作状态及扫描工作过程

PLC 中的 CPU 有两种基本的工作状态，即运行(RUN)状态和停止(STOP)状态。CPU 运行状态是执行应用程序的状态，CPU 停止状态一般用于程序的编制与修改。除了 CPU 监控到致命性错误强迫停止运行以外，CPU 运行与停止方式可以通过 PLC 的外部开关或通过编程软件的运行/停止指令加以选择控制。

6.3　控制系统控制策略

风力发电机基本控制策略是指在各不同的风速段、不同的工作条件下，采用不同的控制方法调整机组的运行状态，使风力发电机组运行在功率曲线，表现出预期的工作特性。风机控制大致可分为四个阶段：切入阶段、最大 C_p 阶段、额定转速阶段和额定功率阶段。切入阶段采用 PID 控制，通过发电机转矩控制发电机转速稳定在并网转速。最大 C_p 阶段是根据发电机转速数据，通过最大风能利用系数 C_p，计算出转矩，使风力发电机运行在最优的转速-转矩曲线上，进而提高风力发电机年发电量。额定转速阶段采用 PID 控制，通过发电机转矩控制发电机转速稳定在风力发电机的额定转速附近。额定功率阶段通过恒功率控制，使发电机功率稳定在额定功率附近，提高功率质量。

6.3.1　控制系统的基本控制策略

低风速风力发电机组以提升低风速风区的发电效率为目标，提出了变速风力发电机组的转矩控制及变桨距控制，实现了风力发电机组发电效率最大化，确保了在超低风速区的发电收益。

1. 变速风力发电机组的转矩控制

变速风力发电机组通过变流器与电网频率相隔离，可以通过发电机直接控制负载转矩，所以风力发电机组叶轮转速允许在一定的范围内进行变化。变速控制风力发电机组经常提到的优点就是在额定风速以下时，叶轮转速可以随风速成比例调节，所以风速变化时可以维持最佳叶尖速比不变。在这个叶尖速比下，风能利用系数 C_p 最大，也就是说，叶轮可以实现最大风能捕获。通常来说，具有同直径的变速风力发电机组可以比恒速风力发电机组获得更多的能量。事实上，完全实现理论上的最大风能捕获是非常困难的，部分原因是变流器有所损耗，部分原因是不能理想地跟踪优化 C_p，在最佳叶尖速比 $\lambda = \lambda_{\mathrm{opt}}$ 时，机组空气动力效率系数最大，此时风能利用系数 C_p 达到最大值 $C_{p\max}$。式(6-1)为机械转矩计算公式，叶轮转速 Ω 与风速 v 成比例，功率随着 v 增加，转矩随着 v^2 增加：

$$M = \frac{P}{\Omega} = \frac{1}{2}\rho A C_p v^2 R = \frac{1}{2}\rho\pi R^3 \frac{C_p}{\lambda} v^2 \tag{6-1}$$

式中，$P = \frac{1}{2}C_p\rho A v^3$，$P$ 为风力机获得的功率；$\Omega = vR$，Ω 为风力机转动角速度；v 为风速；A 为风轮面积；R 为风轮半径；$\lambda = \Omega R/v$，λ 为叶尖速比。

将 $\lambda = \Omega R/v$ 代入式(6-1)得

$$M = \frac{1}{2}\rho\pi R^5 \frac{C_p}{\lambda^3}\Omega^2 \tag{6-2}$$

在稳态时，可以通过设定的发电机转矩 Q_g 达到最佳叶尖速比，以平衡机械转矩，如式(6-3)所示：

$$Q_g = \frac{1}{2}\frac{\rho\pi R^5 C_p}{\lambda^3 G^3}\omega_g^2 - Q_L \tag{6-3}$$

式中，Q_L 为传动装置上的转矩损耗(其本身是转速和转矩的函数)，折算到高速轴侧。发电机转速为 $\omega_g = G\Omega$，其中 G 是齿轮箱的变比。

尽管式(6-3)描述的是 C_p 稳态时的解，但是也可以用于控制电机转矩给定值，这个转矩给定值是所测发电机转速的函数。在大多数情况下，这是在额定风速之下控制发电机转矩很好的方法。

变速风力发电机组在额定风速以下时，为了跟踪最大 C_p 值，需要得到平滑稳定的控制。然而，当风速变化较快时，由于较大的叶轮转动惯量阻碍了转速较快的变化，使其不能跟上风速的变化，所以机组通常工作在 C_p 曲线峰值的两侧而不是在峰值上，导致平均 C_p 值较低。这个问题对于叶轮较重和 C_p-λ 曲线具有较陡的峰值的机组情况会更严重。因此，在变速风力发电机组的叶片优化设计时，不仅要使 C_p 峰值最大，还要保证 C_p-λ 曲线适当地平缓向上。

通过控制发电机转矩可以使叶轮转速在需要时迅速变化，使机组工作在 C_p 曲线峰值附近：方法之一就是与转速加速度成比例修改转矩给定值。方法之二是根据可以测量到的量对风速进行估算，计算出最大 C_p 所对应的转速，再通过控制发电机转矩尽快达到所需转速。采用简单的 PID 解调器，PID 解调器的增益越高，C_p 的跟踪效果越好，但是会使功率波动越大。特定的风力发电机组仿真结果表明，在额定功率下可以得到 1%的能量增益，但是存在较大但可以接受的功率波动。由于这样大转矩的振动需要在功率输出上仅仅达到适度的增加，通常是简单采用基本的二次函数关系，如果叶轮惯性足够大不能被忽略，则可能会在公式中增加一些惯性补偿。

因为风力发电机组直径的增加会影响湍流的横向和纵向长度，所以风速作用在叶轮扫掠面积上的不平衡载荷会使实现最大 C_p 值变得更加困难。因此，在某一时刻，如果桨叶的一部分处于最佳攻角，那么其他部分就不会处于最佳攻角。

在大多数情况下，从切入风速到额定风速之间始终维持最大 C_p 值不变是不切实际的。尽管一些变速系统能够进行全程转速控制，但是对于广泛应用于有限范围的变速系统中的双馈感应风力发电机组，情况并非如此。这些系统只需要变流器来处理风力发电机组的一部分功率，这样可以大大降低成本。也就是说，在低风速，即刚超过切入风速时，必须使其工作在接近恒定的转速状态下，此时叶尖速比高于最优值。

在运行范围的另一端，通常将转速限制在某个水平上，这个水平一般是由空气动力的噪声信号所限制的，它能达到稍低于额定风速的某个速度。在达到额定功率以前，使转矩比额定值高些，尤其是在恒转速时是很划算的。对于安装于噪声敏感区域的风力发电机组，应该设计使其在达到额定功率之前沿着最大 C_p 曲线工作。对于相同的额定功率，转速越高，就意味着转矩和载荷越低，但是不平稳载荷却很高。

当风力发电机达到额定转速后，通过 PI 控制器，根据发电机转速的变化来调整转矩指令，进而维持发电机保持在额定转速。转矩 PI 控制的比例积分系数为固定值，此数值同样适用于并网转速附近的 PI 控制器。

根据拉普拉斯变换，该 PI 控制器具有以下形式：

$$G(s) = \frac{K_q}{sT_q}(1 + sT_q) \tag{6-4}$$

式中，K_q 为比例增益；T_q 为积分时间常数；K_q / T_q 为积分增益。其中函数中包含与 2P 和 4P 频率对应的二阶陷波滤波器，该滤波器具有以下形式：

$$H(s) = \frac{1 + 2\xi_1 s / \omega_1 + s^2 / \omega_1^2}{1 + 2\xi_2 s / \omega_2 + s^2 / \omega_2^2} \tag{6-5}$$

式中，ω_1、ω_2 为频率；ξ_1、ξ_2 为阻尼比。

还包含一个低通滤波器，用于减弱控制器对高频扰动的灵敏性，计算公式如下：

$$H(s) = \frac{1}{1 + 2\xi s / \omega + s^2 / \omega^2} \tag{6-6}$$

式中，ω 为频率；ξ 为阻尼比。

一般而言，高于额定风速时，控制器不会输出额定转速所对应的额定转矩固定值。通过调整转矩指令，使其与滤波后的发电机转速成反比，以此实现恒功率控制而不是恒转矩控制。在控制系统中采用发电机转速作为控制输入量，事实上，机组的转速处于随时波动的状态，那么为避免不必要的过多动作，在根据测量信号进行控制操作前，先对测量到的转速信号进行滤波，显然，除了低通滤波，还要经过 3P 和 6P 两个陷波滤波器的滤波作用。尽管该策略会造成转速控制过程中轻微的失稳效应，但是却提高了电能品质，因此被应用于风力发电机组的控制策略中。由于发电机性能要求，瞬时输出功率不超过额定功率的 103%，因此需要对包含传动系统阻尼作用的总转矩加以限制，确保在变流器硬件限制下有足够的冗余。

2. 变速风力发电机组的变桨距控制

风力发电机组一旦达到额定转矩，负载转矩就不会再增加，所以转速就开始增加，然后，应用变桨距控制来调节转速，并保持负载转矩恒定不变。通常应用 PI 或 PID 控制器就可以满足要求。在有些情况下，要对转速误差应用陷波滤波器来处理，以防止过度的变桨距动作，如传动链转矩频率。

调节叶轮转速时变桨距控制不是保持转矩给定值恒定，而是通过以测量转速为依据反比例调节给定转矩，以保持输出功率恒定。如果变桨距控制器能够实现转速保持在设定点附近，那么这两种方法就没有什么区别了。通过增加转速来减小负载转矩会对变桨距控制器的稳定性产生影响，但是这个影响通常不严重，并且如果齿轮箱转矩和叶轮转速变化不受太大的影响，从电能质量和电压闪变的角度来看，恒功率输出的方法还是比较有吸引力的。

一旦达到最大转矩，为了维持额定转速设定点，变桨要求需要随发电机测量转速而变化，该变化可以通过 PI 控制器实现。该 PI 控制器除了包括二阶陷波滤波器，还有低通滤波器，低通滤波器可以降低控制器对高频信号的敏感度。

由于气动转矩对变桨角度的敏感度在湍流情况下更高，变桨 PI 控制器的增益是根据变桨角度而变化的。该比例增益可通过查询一个基于变桨角度的增益变化表实现，借此确保风力发电机组在整个风速范围内都具有良好的响应和运行状态。积分时间常数也是通过变桨角度查表得到的，该积分常数会随着变桨角度的增加而降低。

依照拉普拉斯变换，变桨控制算法具有如下形式：

$$G'(s) = \frac{K_p(\beta)}{sT_i(\beta)}(1 + sT_i(\beta)) \tag{6-7}$$

其中，K_p 为比例增益；T_i 为积分时间常数。根据当前的变桨角度 β，比例增益和积分时间常数可以通过查表法得到某一特定区间,再通过线性插值法计算得到。

6.3.2　性能提升与载荷控制技术

风能转换系统具有强非线性,且风电场风能参数不确切可知,具有强烈的随机性、时变性和不确定性,含有未建模或无法准确建模的动态部分,对这样的系统实现有效控制是极为困难的。随着电力电子技术及微型计算机的发展,先进的控制方法也在电子技术及微型计算机领域有所发展,先进的控制方法在风能转换系统控制中的应用研究已几乎遍及系统的各个领域,本节主要针对目前行业内先进的控制算法进行描述。

1. 传动链阻尼主动调节控制技术

高于额定风速时,风力发电机组维持额定转速进行恒功率控制,转矩不再跟随转速的变化而变化,传动链的阻尼很小,因此容易引起传动链的扭曲振动,造成大的齿轮箱转矩波动,导致齿轮箱载荷增加。

为了解决高于额定风速齿轮箱转矩波动很大的问题,可通过控制系统在发电机转矩给定值上叠加一个传动链固有频率下的波动转矩,增加电磁阻尼,抵消传动链谐振。这种控制方式可显著增加传动链的等效阻尼,降低齿轮箱的疲劳载荷。

传动链减振传递函数为

$$G(s) = k \frac{\tau_1 + 1}{\tau_2 + 1} \frac{s^2 / \omega^2}{s^2 / \omega^2 + 2\delta s / \omega + 1} \tag{6-8}$$

式中,k 为比例常数;τ_1、τ_2 为时间常数;ω 为频率;δ 为阻尼比。

通过传动链减振控制策略进行仿真,可以得到如下载荷比较结果,如图 6-3 所示。

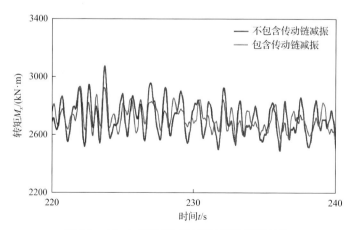

图 6-3　16m/s 传动链减振控制策略载荷对比

2. 动态推力消减控制技术

风力发电机组在进行变桨控制时，会在额定功率附近造成风轮前后推力变化过大，即在机组接近但小于额定功率时，叶片的叶尖速度较大，造成桨叶受到风的推力迅速增大。当机组到达额定功率开始变桨后，桨叶受到的风的推力会由于桨距角的变化而迅速减小。

可以设计推力消减控制，在机组接近但小于额定功率时提前进行变桨，从而减小桨叶前后推力的增加幅度；在机组到达额定功率时也进行原来的变桨控制，以维持转速和功率的恒定。根据功率的大小，动态改变桨距角，这种控制方式可以减小额定风速附近整个风轮平面内受到的推力，降低叶根、塔筒疲劳载荷以及轮毂极限载荷。

对推力消减控制策略进行仿真，得到如图 6-4 所示的载荷比较结果，可以看出使用动态推力消减控制技术可以减小轮毂疲劳载荷。

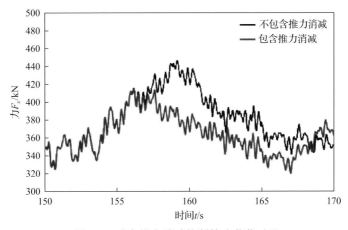

图 6-4 动态推力消减控制策略载荷对比

3. 独立变桨控制技术

随着风力发电机组风轮直径的增大，由风切变造成的风轮平面内风速差异明显增大，风速差异带来的不平衡载荷可能会造成叶片极限载荷及轮毂、偏航轴承疲劳载荷偏大，可通过使用独立变桨控制技术减缓不平衡载荷。

独立变桨控制技术需要实现两个功能：一是控制风轮转速，从而实现发电机输出功率控制，即实现传统协同变桨控制功能；二是减小桨叶的不均衡载荷，即减小轮毂上的倾翻力矩和偏航力矩。

独立变桨控制技术原理为：通过检测三叶片根部挥舞方向载荷，改变每个叶片的桨距角，达到降低叶片根部挥舞载荷、轮毂载荷、偏航轴承载荷的目的。因此，独立变桨控制为三输入三输出的多变量控制。

图 6-5 为独立变桨控制逻辑框图。

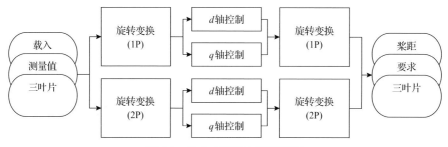

图 6-5　独立变桨控制逻辑框图

将三叶片载荷的风轮转频下的载荷解耦，并分别控制三叶片变桨。目前使用的方式为 Coleman 变换，公式如下：

$$\begin{bmatrix} \beta_d \\ \beta_q \end{bmatrix} = \frac{2}{3}\begin{bmatrix} \cos\theta & \cos(\theta+2\pi/3) & \cos(\theta+4\pi/3) \\ \sin\theta & \sin(\theta+2\pi/3) & \sin(\theta+4\pi/3) \end{bmatrix}\begin{bmatrix} \beta_1 \\ \beta_2 \\ \beta_3 \end{bmatrix} \tag{6-9}$$

式中，θ 为风轮相位角；β_i 为桨距角。

经过 Coleman 变换，将测量的叶片弯矩折算成轮毂的俯仰和偏航力矩；然后设定控制目标值 M_{N2}^* 和 M_{N3}^* 为 0，通过调整 PI 控制器的参数使载荷 M_{N2} 和 M_{N3} 的数值减小；最后由式 (6-10) 经 Coleman 逆变换，如图 6-6 所示，得到桨距角的增量值 $\Delta\beta_1$、$\Delta\beta_2$ 和 $\Delta\beta_3$，并叠加到集中变桨算法得到的桨距角上。

$$\begin{bmatrix} \beta_1 \\ \beta_2 \\ \beta_3 \end{bmatrix} = \begin{bmatrix} \cos\theta & \sin\theta \\ \cos(\theta+2\pi/3) & \sin(\theta+2\pi/3) \\ \cos(\theta+4\pi/3) & \sin(\theta+4\pi/3) \end{bmatrix}\begin{bmatrix} \beta_d \\ \beta_q \end{bmatrix} \tag{6-10}$$

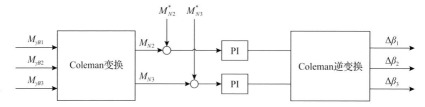

图 6-6　Coleman 变换及其逆变换

独立变桨控制策略可使用的载荷包含三叶片挥舞载荷、轮毂载荷、低速轴载荷、主轴承座载荷、偏航轴承载荷。

独立变桨控制技术硬件系统主要包括信号采集单元、控制单元和驱动单元。信号采集单元主要采集机组的功率、转速、桨叶位置、桨距角和叶片载荷等信号，并传递给控制单元，其中叶片载荷传感器用于测量挥舞和摆振方向的应力；控制单元对信号进行处理和计算，得到每个桨叶的目标桨距角，可在风力发电机组主控或变桨控制器中实现；驱动单元可采用电动或液压的执行方式，使桨叶跟随目标桨距角运动，目前应用最多的是电动方式。

1）电动变桨系统

电动变桨系统包括回转支承、伺服电机及减速装置、储能装置和驱动器等。

2）信号采集与传输系统

独立变桨控制技术信号采集设备为布拉格光栅，在每个叶片的叶根部位每隔 90° 布置一片，风力机 3 个叶片，共 12 片光栅，由信号处理装置将信号处理后传输给主控制器，独立变桨控制技术也可以采用塔筒顶部传感器测量塔顶 y、z 向转矩 M_y、M_z。

4. 柔性高塔筒共振避让穿越控制技术

在设计超高柔塔时，由于塔筒固有频率较低，在风力发电机组工作区间内与风轮转频相交，引起塔筒共振。因此，在风力发电机组控制系统设计时需要考虑如何避免风力发电机组长时间运行于交点附近区域。通过设置合理的转速隔离器可很好地解决这个难题，当发电机转速超过隔离区下限转速对应的转矩时，控制风力发电机组向上快速穿越共振区；反之当发电机转矩低于隔离区上限转速对应的转矩时，控制风力发电机组向下快速穿越共振区，这项控制技术简称塔架禁区（tower excision zone，TEZ）。

柔性塔筒共振区快速穿越控制结果如图 6-7 所示。

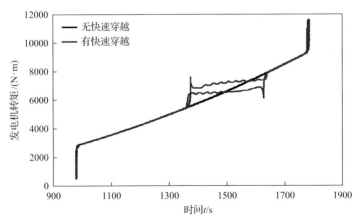

图 6-7　柔性塔筒共振区快速穿越控制结果

　　风力发电机组并网后，在 200s 之前，由于风速较小，风力发电机组一直运行在低转速段。200s 后当风速增加时，先维持发电机转速在隔离区下限转速附近，当风力发电机组吸收的能量达到限值后，控制系统自动启动穿越程序，执行 TEZ 控制过程。发电机组目标转速按照一定的斜率上升，同时通过发电机转矩调节控制发电机转速跟随目标值一起上升，向上快速穿过共振区，完成穿越过程。穿过共振区后，由于测试时风速较大，发电机实际转速保持在额定转速附近。

　　塔筒减振控制技术：风力发电机组在运行过程中，由于叶片处的风速波动较大，当风速变化时，作用于桨叶及塔筒表面的前后推力也随之变化，使得风力发电机组的塔筒在前后方向上产生振动，此时机组塔筒的极限载荷和疲劳载荷将会过高。因此，设计合理的塔筒前后振动控制装置能降低塔筒及其他相关部件载荷，对风力发电机组的稳定起着至关重要的作用。

　　使用塔筒前后加速度信号采集系统，用于采集塔筒前后加速度信号，当发电机组工作在变桨区域时，输出经处理后的塔筒前后加速度信号，计算并输出变桨角度信号，进而通过调整所述风力发电机组的变桨角度控制塔筒前后振动。该变桨信号最后叠加到风力发电机组的变桨控制输出的角度上，通过调整桨叶角度对塔筒前后振动的能量进行吸收，降低机组塔筒前后振动的峰值，从而达到调节风力发电机组塔筒前后方向振动的效果。

　　塔筒前后加速度信号处理系统接收塔筒前后加速度信号传感器采集到的信号。塔筒前后加速度信号传感器测量出的加速度信号会受到测量过程中噪声的影响，所以在塔筒前后加速度信号传感器的输出端依次连接低通滤波器、陷波滤波器。低通滤波器主要对采集到的加速度信号进行信号限值，消除产生的毛刺噪声，并且经过陷波滤波器进行转速三倍频噪声的滤波，保证整个信号的稳定性和有效性。

　　其中，低通滤波器为

$$G(s) = \frac{\omega^2}{s^2 + 2z\omega s + \omega^2} \tag{6-11}$$

式中，s 为拉普拉斯变换变量；z 为低通滤波器的阻尼系数；ω 为低通滤波器的频率。

　　陷波滤波器为

$$G(s) = \frac{s^2 + 2d_1\omega_1 s + \omega_1^2}{s^2 + 2d_2\omega_2 s + \omega_2^2} \tag{6-12}$$

式中，s 为拉普拉斯变换变量；d_1、d_2 为陷波滤波器的阻尼系数；ω_1、ω_2 为陷波滤波器的频率。

塔筒前后加速度控制系统记录接收到的塔筒前后加速度信号的测量值，然后与预先设定的加速度参考值进行比较。在确定当前塔筒前后加速度信号和参考加速度的差值以后，将其传递给 PID 控制器。PID 控制器输出的变桨角度 T_1 为

$$T_1 = K_P e + K_I e + K_D e \tag{6-13}$$

式中，K_P、K_I、K_D 分别为比例、积分和微分系数；e 为接收到的塔筒前后加速度信号的测量值和参考加速度的差值。

风力发电机组塔筒前后振动的能量受到塔筒阻尼的影响进行衰减，根据阻尼使振动停止的效果不同，可以分为欠阻尼、过阻尼和临界阻尼三种不同的阻尼振动方式。当阻尼取一个特定数值时，塔筒前后振动会很快地靠近平衡位置。临界阻尼回到平衡位置所需时间最短，其阻尼数值小于过阻尼，而大于欠阻尼。所以根据风速变化造成的塔筒前后振动的大小，通过该控制系统进行变桨角度的调节，使塔筒的阻尼特性达到临界阻尼状态，有效地消除振动的影响。

综合考虑风力发电机组的动态性能和静态性能，对比例系数和积分系数进行合理的设定，使得 PID 控制器输出的变桨角度 T_1 能够兼顾系统稳定性和快速响应，满足控制性能的要求。

通过设计自适应的智能控制算法，主控系统运用智能控制算法，进行风力发电机组智能控制；风力发电机组通过采集环境数据自适应调整主控系统在各运行状态下的控制策略，寻找最佳连续工作点和平衡点，确保机组始终运行在最匹配当前风场环境的状态，可有效降低风力发电机组载荷。

5. 变速率收桨停机控制技术

在风力发电机组极端运行阵风(extreme operating gust，EOG)并出现电网掉电故障后，往往会导致风力发电机组端电压降低，在电网电压突降的瞬间，风力发电机组的能量无法完全输出到电网，剩余的能量一部分转化为桨叶动能，引起桨叶的超速，严重威胁风力发电机组和变流器器件的安全，进而导致风力发电机组的保护性停机，给电网的恢复稳定运行造成严重的影响。

可以通过当前桨距角监控智能判断停机顺桨方式，桨距角控制在发生电网电压跌落故障时，引用紧急变桨控制，使风力发电机组的桨距角迅速增加，从而使风力发电机组所捕获的机械转矩迅速减小，减少风力发电系统机侧变流器的输出功率，缓解直流侧与电网侧的功率不平衡，能有效降低停机过程中的载荷，保证风力发电机组平稳停机。

图 6-8 和图 6-9 为增加变速率收桨停机控制技术前后风力发电机组发电机转速、塔筒底部转矩对比。通过发电机转速对比可知，采用该控制策略前后，发电机转速波动幅值基本一致。通过塔筒底部转矩对比可以得出，采用变速率收桨停

机降载控制技术可降低塔筒底部转矩的极限载荷。

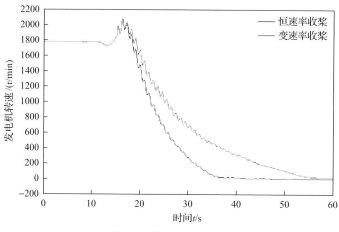

图 6-8　　发电机转速对比

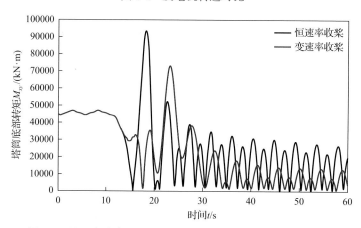

图 6-9　基于变速率收桨智能停机降载控制塔筒底部转矩对比

6. 非线性防超速控制技术

非线性防超速控制的目的是减小由于风速、风向突变导致的超速停机。在风力发电机组超速导致快速停机过程中，风速、风向突然变化会引起推力的变化和风轮的不平衡载荷变化，导致风力发电机组轮毂 y、z 向载荷超过极限载荷。通过检测发电机转速及计算发电机加速度，再结合实测桨距角，可以得出额外的桨距角变化值。

图 6-10～图 6-12 是增加非线性防超速控制策略前后发电机转速、轮毂中心固定坐标系转矩 M_y、M_{yz} 对比。仿真时采用的风速、风向在短时间内会出现较大变化的极端阵风。

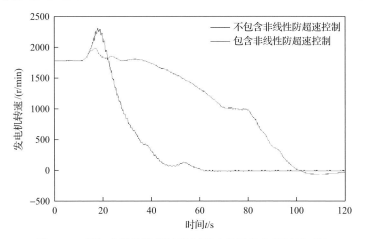

图 6-10 增加非线性防超速控制策略前后发电机转速对比

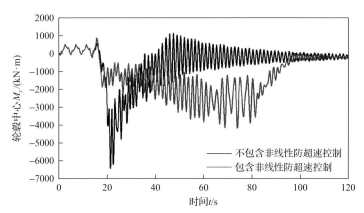

图 6-11 增加非线性防超速控制策略前后轮毂中心固定坐标系 M_y 对比

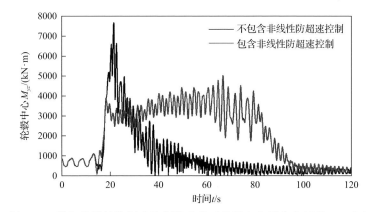

图 6-12 增加非线性防超速控制策略前后轮毂中心固定坐标系 M_{yz} 对比

由发电机转速和转矩曲线对比可知，增加非线性防超速控制策略前，出现该极端阵风时发电机转速超速严重，导致轮毂中心 M_y、M_{yz} 突变。增加非线性防超速控制策略后，发电机超速得到有效抑制，没有超过软件超速限值，同时抑制了轮毂中心 M_y、M_{yz} 的大小。

6.3.3 智能控制技术

本节介绍三种智能控制算法，其中包括模型预测控制算法、非线性控制算法、神经网络预测控制算法。

1. 模型预测控制算法

1)基本原理

模型预测控制(model predictive control，MPC)是一种在 20 世纪 70 年代发展起来的先进控制技术。在算法分类上，模型预测控制属于先进过程控制的范畴，实现过程通常基于计算机，所以模型预测控制是一种离散的采样控制算法而不是连续控制算法。

模型预测控制的基本原理可以表述为：根据系统当前和过去的状态变量，以及当前输出测量值，对系统输出的未来行为进行预测，然后在线求解一个有限时域内的开环优化问题，并将优化结果控制序列的前几个值施加于系统。在下一个时刻，更新优化问题，重新进行求解优化。传统的 PID 控制只是根据过程当前的输出测量值与设定值的偏差来确定当前的控制输入。因此，理论上模型预测控制要优于 PID 控制。

2)算法特点

模型预测控制是一系列通用的算法的总称，包括动态矩阵控制(dynamic matrix control，DMC)、模型算法控制(model algorithm control，MAC)、预测函数控制(predictive function control，PFC)和广义预测控制(generalized predictive control，GPC)等。这类算法在预测模型形式、优化求解等方面存在差异，但是都具备以下三个基本特性：

(1)基于模型。模型预测控制是一种基于预测模型的控制算法，模型需要对系统未来一定时间的动态特性进行预测。模型的预测功能要比其具体结构形式更加重要，因此传统的传递函数、状态空间等参数模型，以及脉冲响应、阶跃响应等非参数模型，甚至分布参数系统、非线性系统等具备预测功能，都可以作为预测模型。

(2)滚动优化。模型预测采用的是有限时域的预测，同时因模型的不匹配和外部干扰等，通常情况不会将得到的最佳控制序列全部作用于系统，而是将采样时刻优化结果的前几个控制量施加于系统，在下一个采样时刻重新进行预测和优化求解。其控制作用施加方式是一种滚动优化和滚动实施，这种方式保证了在预测时域内的最优解，很好地兼顾了模型失配、参数时变、外部干扰等因素，控制器更加接近实际的情况。

（3）反馈校正。模型失配在工业控制领域是非常普遍的现象，模型预测控制中的滚动优化是基于模型与实际系统的吻合性，因此只有加入反馈作用，在线实时滚动优化才有意义。常用的校正方式有增加额外的预测方式修正预测结果的差异，或者采用模型辨识的原理直接在线修改模型参数。

3）风力发电机组控制领域部分应用

风力发电机组的气动系统是典型的非线性系统；风速是随机波动不可测量的变量；现场控制功能基于 PLC 硬件系统，不能在线进行大量优化计算；作为新兴能源系统，相比于传统工业系统技术成熟度较低。因此，目前模型预测控制在风电控制领域大多处于理论研究阶段，目前未有成熟的应用案例。许多国内外学者投入大量的精力，致力于模型预测控制在风电控制领域的应用探索，取得了丰硕的研究成果，近几年发表了很多高水平论文。结合风力发电机组的特性，目前模型预测控制的研究主要集中在最大风能捕获控制、减小机组载荷等方面。

2. 非线性控制算法

风力发电机组控制系统设计需紧密结合动力学特性分析来实现。大型风力发电机组是复杂快变的多变量非线性动力学系统，具有不确定性和多干扰性，因此控制系统的设计目标之一即保证风力发电机组高效、稳定运行。

1）风力发电机组非线性控制的意义

（1）风速测量的非精确性。

在实际的风场环境中，受到风速分布不均、紊流、塔影效应、地表粗糙度等因素影响，仅靠风速计难以测得有效风速的精确值。

（2）风力发电机组的非线性及不稳定性。

由风力发电机组建模过程可知：风轮、电机、电力电子器件等主要模块均呈现非线性特性；功率因数（风能利用系数）、气动力矩、紊流风速的时间曲线也均为非线性函数。因此，整机特性呈现强非线性，导致风轮动力学不稳定。

（3）控制系统的复杂快变特性。

从控制系统角度，风力发电机组是一类具有复杂快变特性的动力学系统，受到随机风速的影响，机组运行工况不确定甚至频繁切换；气象变化、电网波动、组件老化等干扰因素增加了系统动力学的复杂性，使得控制系统的动态特性及鲁棒性难以保证。

风力发电机组具有以上特点和设计难点，所以应设计非线性控制方案以达到稳定高效的机组运行。

2) 风力发电机组变速区非线性控制

低于额定风速时，主要调节发电机转矩使转速跟随风速变化，获得最佳叶尖速比，实现最大风能捕获。

为实现不同风速下的最大风能控制，目前国内外学者已经提出了大量的控制算法。线性化方法是应用最多的一类算法，由于风速的随机性和不可预测性以及系统本身存在的各种噪声等因素，风力发电系统本身呈现出强动态性能和非线性特性。因此，线性控制方法并不能获得理想的控制效果。

为了克服上述线性化控制器的缺点，国内外学者已经提出了许多非线性控制算法，其中级联式非线性控制算法通过调节叶轮转速以跟踪其最优转速来实现最大功率点跟踪。为了消除控制器对系统参数的依赖，最近几年提出了一些参数未知的自适应控制器方案。另外，还有的通过引入滑模控制器，可以实现有效的功率调节，并抑制噪声和系统不确定动态的影响。滑模控制器的基本思想是把系统的不确定性动态视为有界噪声来处理，因此只适用于系统结构已知、部分参数和噪声有界的情况，且系统结构和参数都未知。另外，还可以结合神经网络和自适应控制技术，提出一种非线性神经网络控制器，同样可以实现最大功率跟踪。

上述设计中有效风速都被假定为可准确测量，实际中的风速是通过测量单点风速值的风速计获得的，因此获得准确的有效风速值是十分困难的，而不准确的风速测量会通过空气动力学影响控制器输出，最终导致系统性能变差。为了克服这个问题，提出一种联合卡尔曼滤波和牛顿算法的风速估计策略，然而该设计并没有分析系统的稳定性。因此，在不准确风速测量的基础上，针对不同的控制器结构，需要进一步研究如何设计一个鲁棒控制规则来保证系统的稳定性。另外，针对不同的控制器结构，有文献提出了一种考虑参数变化的自适应方法和使用线性矩阵不等式的鲁棒模糊多变量模型预测控制器。

3. 神经网络预测控制算法

风力发电机组是一个复杂的非线性系统，考虑的因素越多，系统的阶次越高，并且各种因素的动态响应相差很大，会导致风力发电机组成为一个复杂的系统。这些都对控制器的设计不利，它使控制器十分复杂，对参数也十分敏感。

目前，基于神经网络的建模方法已经成为风力发电机组控制领域的研究热点，和传统控制策略相比，它不需要精确的被控对象数学模型，更适于实际需求；具有学习能力，能够自整定控制参数；可充分利用传感器，提升控制精度。

采用神经网络和进化算法作为控制方法，需要输入和输出数据。进化算法是进化计算的子集，是人工智能的分支；人工神经网络是机器学习和知识表征的计算系统，可以计算复杂系统的输出响应。

采用进化算法和神经网络确定风力机统一变桨的 PI 增益，所述方法不需要提前建立数学模型。采用神经网络整定 PI 控制器的增益时，预测的风速值作为该神经网络的输入，而将 PI 控制器的比例和积分增益作为神经网络的输出。为了获取最优的训练数据集，对大于额定风速的特定风速下的比例增益和积分增益进行寻优。训练好的控制器通过调整桨叶角度，可以最大限度地缩小发电机转速实测值与额定值的差距。

在深度神经网络的模型训练中，将极限学习机作为基本学习单元，采用自编码的思想进行逐层的无监督学习，通过逐层编码将低层的特征传递至高层形成较为完整的特征表示；再通过一层有监督的极限学习机完成特征表示到目标输出的映射，最大限度地减少传递过程中的信息损耗，而且避免迭代的有监督微调过程，降低整个模型的计算复杂度，减少计算资源的消耗，实现对风力发电机组或者重要参数变量的建模预测；结合传感器技术，通过智能控制策略，增强机组对环境的反应能力，降低机组载荷。

6.4 控制策略设计与参数整定方法

本节主要介绍目前应用在风力发电机组上的实用闭环设计算法。

6.4.1 控制系统的设计要求及工具

对于控制系统，在已知系统的结构和参数时，系统在某种典型输入信号下，其被控量变化的全过程中，设计提出了需要满足的几种基本要求，即稳定性、快速性和准确性。一个暂态性能好的系统既要满足过渡过程时间短的快速性，又要满足过渡过程平稳、振荡幅度小的相对稳定性。

1. 稳定性

稳定性是保证控制系统正常工作的先决条件，一个稳定的控制系统，其被控量偏离期望值的初始偏差应随时间的增长逐渐减小并趋于零。具体来说，对于稳定的恒值控制系统，被控量因扰动而偏离期望值后，经过一个过渡过程时间，被控量应恢复到原来的期望值状态；对于稳定的随动系统，被控量应能始终跟踪输入量的变化。反之，不稳定的控制系统，其被控量偏离期望值的初始偏差将随时间的增长而发散，因此不稳定的控制系统无法实现预定的控制任务。

控制系统的稳定性是由系统结构所决定的，这是因为控制系统中一般含有储能元件或惯性元件，因此当系统受到扰动或有输入量时，控制过程不会立即完成，而是有一定的延缓，这就使得被控量恢复期望值或跟踪输入量有一个时间过程。例如，在反馈控制系统中，由于被控对象的惯性，控制动作不能瞬时纠正被控量的偏差，致使系统在期望值附近来回摆动，过渡过程呈现振荡形式。如果这个振荡过程是逐渐减弱的，那么系统最后可以达到平衡状态，控制目的得以实现，称为稳定系统；反之，若振荡过程逐步增强，系统将失控，则为不稳定系统。

2. 快速性

为了很好地完成控制任务，控制系统仅仅满足稳定性要求是不够的，还必须对其过渡过程的形式和快慢提出要求，一般称为动态性能。这是对稳定系统暂态性能的要求。因为控制系统总是存在惯性，所以系统在扰动量发生变化时，被控量不能突变，要有一个过渡过程，即暂态过程。这个暂态过程的过渡时间可能很短，也可能经过一个漫长的过渡达到稳态值，或经过一个振荡过程达到稳态值，这反映了系统的动态性能，需要能够快速响应控制器的作用。

3. 准确性

控制系统响应的准确性是指在系统的自动调节过程结束后，输出量与给定量之间不存在偏差。准确性一般用稳态误差来衡量，它是评价控制系统工作性能的重要指标，对准确性的最高要求就是稳态误差为零。它是对稳定系统稳态性能的要求，即系统达到稳态时被控量的实际值和期望值之间的误差越小，表示系统控制精度越高。

MATLAB 是一种数值计算型科技应用软件，具有编程简单、直观，用户界面友好，开放性能强等优点，因此在风力发电机组控制系统设计中有广泛应用，主要使用其在控制器设计、仿真和分析方面的功能，主要处理以传递函数为主要特征的经典控制和以状态空间为主要特征的现代控制中的主要问题。对于控制系统，尤其是为线性定常系统的建模、分析和设计提供了一个完整的解决方案，其主要功能如下：

（1）系统建模。建立连续或离散系统的状态空间，传递函数，零、极点增益模型，并实现任意两者之间的转换；通过串联、并联、反馈连接及更一般的框图连接，建立复杂系统的模型；通过多种方式实现连续时间系统的离散化、离散时间系统的连续化及重采样。

（2）系统分析。既支持连续和离散系统，也适用于单输入输出和多输入输出系统。在时域分析方面，对系统的单位脉冲响应、单位阶跃响应进行仿真；在频域分析方面，对系统的伯德图、尼科尔斯图、奈奎斯特图进行计算和绘制。

（3）系统设计。可以观察系统的各种特性，如可控和可观测、传递函数零/极点、稳定裕度、阻尼系数以及根轨迹的增益选择等。

6.4.2　控制系统建模

1. 控制系统微分方程的建立

通过分析元件工作中所遵循的物理规律或化学规律，列写相应的微分方程，消去中间变量，得到输出量与输入量之间关系的微分方程，便是系统时域的数学模型。一般情况下，应将微分方程写为标准形式，即与输入量有关的项写在方程的右端，与输出有关的项写在方程的左端，方程两端变量的导数项均按降幂排列。

建立控制系统的微分方程时，一般先由系统原理图画出系统方块图，并分别列写组成系统各元件的微分方程；然后得到描述系统输出量与输入量之间关系的微分方程。列写系统各元件的微分方程时：一是应注意信号传递的单向性，即前一个元件的输出是后一个元件的输入，一级一级地单向传送；二是应注意前后连接的两个元件中，后级对前级的负载效应。

2. 传递函数的建立

建立控制系统数学模型的目的之一是用数学方法定量研究控制系统的工作特性。当系统微分方程列写出来后，只要给定输入量和初始条件，便可对微分方程进行求解，并由此了解系统输出量随时间变化的特性。线性定常微分方程的求解方法有经典法和拉普拉斯变换法两种，也可借助电子计算机求解。

控制系统的微分方程是在时间域描述系统动态性能的数学模型，在给定外作用及初始条件下，求解微分方程可以得到系统的输出响应，这种方法比较直观，特别是借助电子计算机可以迅速而准确地求得结果，但是如果系统的结构改变或某个参数变化，就要重新列写并求解微分方程，不便于对系统进行分析和设计。用拉普拉斯变换法求解线性系统的微分方程时，可以得到控制系统在复数域中的数学模型-传递函数。传递函数不仅可以表征系统的动态性能，而且可以用来研究系统的结构或参数变化对系统性能的影响。经典控制理论中广泛应用的频率法和根轨迹法，就是以传递函数为基础建立起来的，传递函数是经典控制理论中最基本和最重要的概念。

3. 非线性微分方程的线性化

实际物理元件或系统都是非线性的，例如，叶片的刚度与其变形有关，因此弹性系数实际上是其位移的函数，不是常值。同理，电阻、电容、电感等参数值与周围环境及流经它们的电流有关，也不是常值。发电机本身的摩擦、死区等非线性因素会使其运动方程复杂化而成为非线性方程。所以，在一定条件下，为了简化数学模型，可以忽略它们的影响，将这些元件视为线性元件，这就是通常使用的一种线性化方法，通常用切线法或小偏差法，这种线性化方法特别适合于具有连续变化的非线性特性函数，其实质是在一个很小的范围内，将非线性特性用一段直线来代替。在风力发电机组设计中，可以使用相关软件对非线性系统方程进行线性化。

6.4.3　控制状态分析和控制策略确定

　　风力发电机组建模完成以后，需要分析机组的运行状态，根据不同的运行状态，进行不同的控制系统设计。风力发电机组运行于变速阶段时，为实现最大风能捕获，使风能利用系数达到最大值，需要控制发电机转矩，使发电机转矩和发电机转速达到最佳匹配。机组达到额定功率时，需要改变桨距角调节桨叶来稳定功率。按照风速的不同，上述主要控制过程可分为四个阶段：切入阶段，恒转速控制；变速阶段，最优功率曲线追踪；额定转速阶段，恒转速控制；额定功率阶段，恒功率控制。

　　根据上述风力发电机组运行状态及运行曲线，风力发电机组低风速优化设计包括最大功率追踪控制、转速-转矩控制、变桨控制，以及相关的机组降载控制技术、停机技术等。通过这几项控制策略，可以保证机组整机的平稳有效运行。

6.4.4　控制参数设计与调整

　　在确定了风力发电机组控制系统模型和控制策略之后，需要对机组的控制参数进行设计与调整。风力发电机组是一个复杂的非线性系统，系统的阶次较高，动态响应相差很大，使得控制器十分复杂，对参数也十分敏感。对机组控制系统参数进行设计，需要对风力发电机组进行建模，通过建立一个数学模型，然后对机组高阶非线性模型进行线性简化，以此为基础进行参数设计和调整。

　　风力发电机组通过 Bladed 软件进行建模，可以得出机组控制系统模型。机组控制系统模型线性化后，才能进行控制系统的参数设计和调整。这个线性化可以通过 Bladed 软件进行，通过该线性化仿真，得出系统状态空间方程。

　　风力发电机组控制系统参数决定了机组的控制性能，通过 MATLAB 提供的工具箱进行参数的优化设计，利用控制系统的瞬态性能指标和稳态性能指标，结合控制系统的伯德图、根轨迹以及阶跃响应曲线，进行比例、积分和微分参数的调节，以保证控制系统的性能。

　　控制系统参数调整主要应用于转矩控制系统、变桨控制系统等，通过对这些控制系统的开环零极点进行设计，可以使控制系统的稳定裕度值和幅值裕度值满足控制系统稳态和动态要求。对于阶跃响应能够很快地收敛，使其能够满足控制系统的动态要求，保证机组的运行性能。整个机组控制参数设计过程是个迭代优化的过程，通过反复调整，最后得到最优的机组控制参数。

第7章 监 控 系 统

7.1 风电场监控系统

风电场监控系统可以远程采集设备运行数据，监控运行情况，实现足不出户即可掌控所有设备情况，有着信息完整、提高效率、正确掌握系统运行状态、加快决策、帮助快速诊断系统故障状态等优势。作为风力设备的一个重要组成部分，风场数据采集与监视控制系统(supervisory control and data acquisition，SCADA)对于风力发电机组实时数据的采集、管理、传递起着至关重要的作用，因此监控系统必须具有较高的安全性、可靠性和实时性[1]。

当前，风电运营越来越强调智能化和智慧化。其中，风电智能化的本质是指风力发电过程具备较强的自主性和自我学习能力，包括自主感知、自主适应、自主诊断、自主决策、自主协同等五大智能特征。

智能控制中心和智能风力发电机组通过自主感知(传感器、软测量、风功率预测等)获取海量运行信息，进行自主决策(状态预测、自主优化功率等)。同时通过自主诊断(深度挖掘、数据处理、状态评估等)及时预警、诊断问题并进行科学维护。在系统环境发生变化时具备自主适应(环境适应、电网适应、故障穿越等)能力并通过自主协同(有功优化、无功优化、多机协同等)实现风力发电系统的安全经济运行。

智能风电场利用智能风力发电机组给出的有效信息，结合互联网和云计算等技术，汇集风电场远程监控、风电场能量管理、风功率预测、故障智能诊断、机组健康管理、性能评估分析等功能，实现风电场运行管理和运维服务的数字化、智能化，能提升风电场的投资收益[2,3]。

1. 风电场高速实时网络

目前国际上风电场内部各风力发电机组与中控室控制系统之间的通信周期为1s，这样的通信速度可以满足中控室监控系统对风力发电机组运行监控的需要，但随着电网对风力发电机组并网友好性要求的逐渐提高、风电运营商对风力发电机组健康评估及故障在线预警和分析需求的提升，原有的"秒级"通信速度已无法满足要求，"毫秒级"通信速度成为大势所趋。

风电场高速实时网络的搭建，如图 7-1 所示，其主要目标是构建风电场风力发电机组之间以及风力发电机组与中控室之间的"毫秒级"通信网络，将通信时间压缩到 200ms 以内。为了实现这一目标，需要根据风力发电机组 PLC 的数据传输特性，针对性开发风场级 PLC 以及风力发电机组 PLC 与风场级 PLC 之间的私有专属通信协议[4-6]。

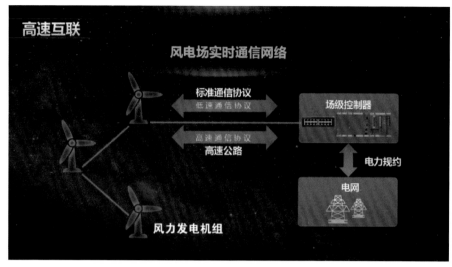

图 7-1　智能风电场网络结构

高速实时网络为以下功能的高效提速奠定了基础：

(1)电网频率波动的有功快速调节响应；

(2)电网电压波动的无功快速调节响应；

(3)风电场健康评估；

(4)故障预警及故障诊断。

风电场高速实时网络目前在国际上并未批量使用，该研究内容属于国际领先水平。

2. 智能风电场管理系统架构

风力发电智能化旨在搭建统一的系统级拓扑架构，进行信息数据的精确汇总及分析，并根据信息感知的结果协调系统控制，以实现经济效益的最大化。风力发电的智能化也将促进风电技术持续不断地优化和升级，对信息进行更为精准、有效的感知，推动控制系统进行更为精准、有效的响应，使用户获得更为理想的使用体验。其具体目标可归纳如下"三提升"。

1)可靠性提升

智能风力发电机组配有数量众多的先进传感器、完善的通信系统和自适应控制系统，能够自主感知自身和邻近机组环境与运行状况，通过实时诊断与预维护技术实现安全、高效生产。

2)生产管理效率提升

通过建立可视化、在线式的智能运维系统，统筹运行、监控、管理、维护、检修等工作提升风电场效率，同时通过建立集约化、扁平化的现代管理模式，整体达到减员增效的目的。

3) 经济性提升

通过基于大数据与云计算平台的智能诊断技术实现风力发电机组的及时故障处理与预先维护，同时通过基于功率优化的整场自主协同运行实现风力发电系统的发电效益最大化。

智能风电场管理系统架构如图 7-2 所示，其主要目标是基于智能风力发电机组实现全景监控，通过智能风电场能量管理等综合措施实现规模化风电的灵活、准确调节，充分响应电网有功/无功、快速调频、电压调节等需求，主动支撑电网并实现电网友好性，积极促进规模化风电消纳，提高风电场运维效率，实现故障预警和快速远程诊断等。

图 7-2　智能风电场管理系统架构

3. 场级能量优化管理

目前，"三北"地区弃风限电问题严重，风电场如何在限电情况下最大限度地提高发电量，成为风电运营商及整机厂家共同关心的课题。一般来说，场级能量优化管理具备以下几点功能：

(1) 对场内电量损耗进行动态补偿；

(2) 尽可能减小场内线路损耗；

(3) 全场额定功率柔性调节。

场级能量优化管理技术如图 7-3 所示，要根据电网限电情况，动态补偿线路损耗，动态控制机组的有功出力，保证全场有功出力"恰好"符合电网限电指标；

同时动态选择离升压站最近的机组进行发电，保证线路损耗最小；并且在某几台机组定检或故障期间，智能提高其余机组的有功功率，确保整场功率不变，真正做到"度电必争"。此外，综合考虑发电量、运行载荷等多目标控制任务，进一步优化机组控制性能及风电场负荷分配算法，促进风电场响应电网需求时具有更大的灵活性、经济性和安全性，实现智能风电场有功/无功优化调度。

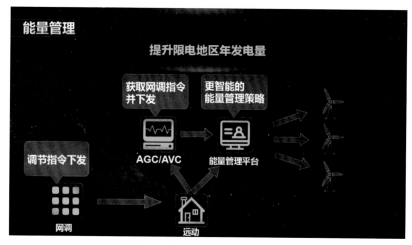

图 7-3　场级能量优化管理技术

AGC 指自动发电控制(automatic generation control)；AVC 指自动电压控制(automatic voltage control)

4. 场级电网支撑技术

场级电网支撑技术如图 7-4 所示，主要包括以下几点：

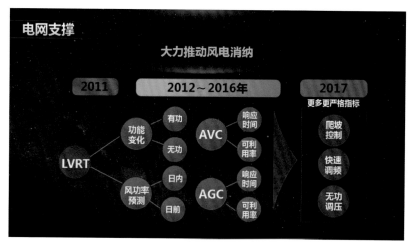

图 7-4　场级电网支撑技术

LVRT 指低电压穿越(low voltage ride through)技术

(1)快速调频；

(2)电压调节；

(3)风力发电机组无功和无功补偿装置的综合协调控制。

通过升级完善现有风电场运行控制策略、负荷分配算法等，在完成风电场能量优化管理的基础上，进一步实现快速调频、无功调压等功能，增强风电场的主动电网支撑能力。

7.2　风电场监控关键技术

7.2.1　毫秒级全风场底层高速通信技术

毫秒级全风场底层高速通信包括风力发电机组侧高速通信和场内运营子系统侧高速通信两部分。风力发电机组侧高速通信是基于风力发电机组单机控制器内部高速传输通信协议，通过底层通信的优化升级，快速、精准选择有效的控制器信息点，高效分析实时数据，从而高频控制风力发电机组，满足电网波动的快速响应需求，并采集高频毫秒级的风力发电机组的全量数据信息。场内运营子系统侧高速通信是基于传输控制协议/网际协议(transmission control protocol/internet protocol，TCP/IP)，通过底层通信构架最优点组配置升级，提升场内运营子系统与控制器间的全量点毫秒级传输速度。

研究采用风场级 PLC，与风场所有风力发电机组组成环网，利用 PLC 之间的高速私有通信协议使环网的速率达到 20ms 传输频率，风场级 PLC 部署于风场中控室的机房中，系统整体架构如图 7-5 所示。

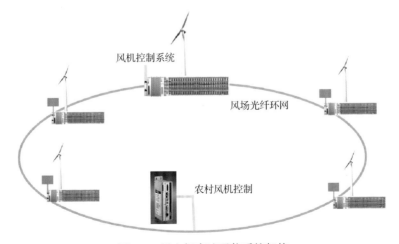

图 7-5　风电场高速通信系统架构

7.2.2　高速通信技术

高速通信技术的实现，第一步需要升级风场中风力发电机组控制系统，第二步需要在中控室增加一台场级控制器及服务器。控制器保证在机组原始控制程序运行无误的情况下，增加一个通信协议以及相应的通信程序；中控室场级控制器将会升级最新版场级控制程序，确保中控室与风力发电机组安全可靠通信。

风电场采用与高速通信设备相同品牌的控制设备的，中控室增加高速通信设备模块即可；风电场采用与高速通信设备不同品牌的控制设备的，中控室增加高速通信设备模块，机组侧增加 TCP 通信模块。

7.3　智能风电场管理系统架构设计

7.3.1　智能风电场服务系统设计

智能风电场服务系统主要包括塔底监控系统、场级控制器、中央监控系统和数据库。塔底监控系统配有调试软件，以供调试人员进行机组调试和维护。场级控制器通过场内运营子系统侧高速通信，底层通信构架最优点组配置升级，提升场内运营子系统与控制器间的全量点毫秒级传输速度。中央监控系统统称为中控室或者前台。主要功能有接收塔底传来的 PLC 实时数据，将其存入历史数据库；根据传来的实时数据，计算统计值，存入关系数据库，频率为分钟级；显示传来的 PLC 实时数据；根据关系数据库，提供数据的统计查询功能。数据库分为历史数据库和关系数据库，历史数据库就是存储机组每秒的运行数据，关系数据库主要是为统计查询功能提供数据支持。智能风电场服务系统网络结构和系统设计界面如图 7-6～图 7-9 所示。

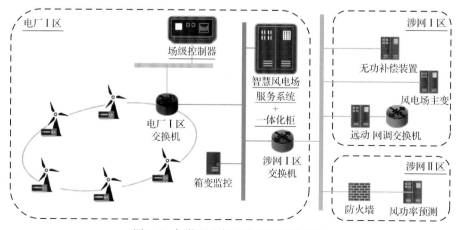

图 7-6　智能风电场服务系统网络结构

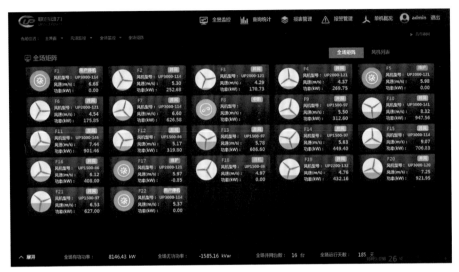

图 7-7 智能风电场设计界面 1

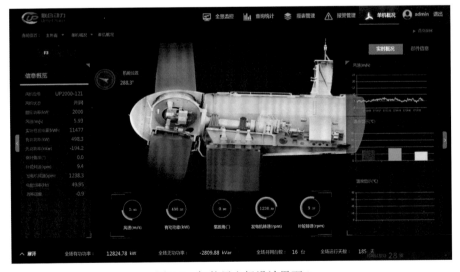

图 7-8 智能风电场设计界面 2

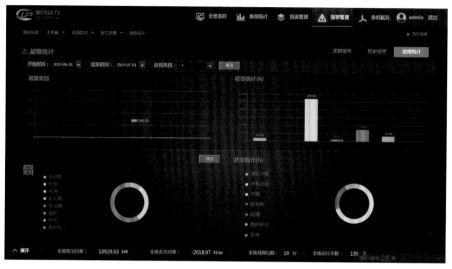

图 7-9　智能风电场设计界面 3

7.3.2　数据接口设计

1. 中央监控系统

1) 实时数据接口

通过网络接口，客户端将实时数据发送到中央监控系统。每采集一次实时数据，就发送一次。当网络故障时，将数据保存到本地的二进制文件中。中央监控系统在 20008 端口监听，接收实时数据。数据传输采用 TCP 连接。

2) 报警数据接口

通过网络接口，客户端将报警数据发送到中央监控系统。每次客户端判断出满足报警条件，就将报警数据发送到中央监控系统。中央监控系统在 20009 端口监听，接收报警数据。数据传输采用 TCP 连接。

3) 控制数据接口

通过网络接口，中央监控系统将数据发送到客户端，客户端在 20008 端口监听，接收控制数据。数据传输采用 TCP 连接。

4) 调试数据接口

通过网络接口，客户端将调试数据发送到中央监控系统，中央监控系统在 20012 端口监听，接收调试数据。数据传输采用 TCP 连接。

5) 临时数据接口

通过网络接口，客户端将临时数据发送到中央监控系统，中央监控系统在 20011 端口监听，接收临时数据。数据传输采用 TCP 连接。

2. 中控室数据库接口

1）数据存储接口

数据中心提供数据保存接口，中央监控系统通过这个接口将历史数据保存到数据中心。

2）数据查询接口

数据中心提供数据查询接口，中央监控系统通过这个接口从数据中心查询历史数据的统计信息。

系统数据信息流如图 7-10 所示。

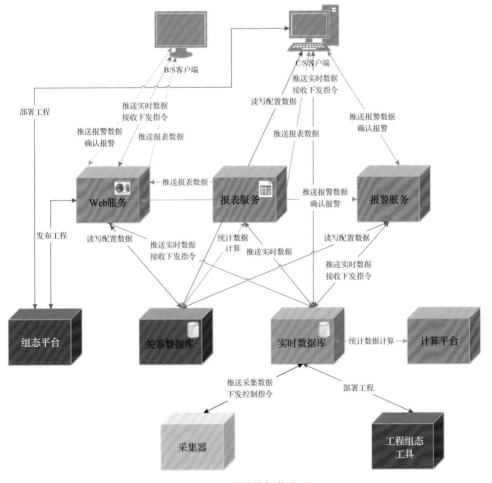

图 7-10　系统数据信息流

B/S 指浏览器/服务器(browser/server)；C/S 指客户机/服务器(client/server)

7.3.3 数据库设计

实时数据库系统是开发实时控制系统、数据采集系统、计算机集成制造系统(computer integrated manufacturing system，CIMS)等的支撑软件。在流程行业中，大量使用实时数据库系统进行控制系统监控、系统先进控制和优化控制，并为企业的生产管理和调度、数据分析、决策支持及远程在线浏览提供实时数据服务和多种数据管理功能。实时数据库已经成为企业信息化的基础数据平台，可直接实时采集、获取企业运行过程中的各种数据，并将其转化为对各类业务有效的公共信息，满足企业生产管理、企业过程监控、企业经营管理之间对实时信息完整性、一致性、安全共享的需求，可为企业自动化系统与管理信息系统间建立起信息沟通的桥梁，帮助企业的各专业管理部门利用这些关键的实时信息，提高生产销售的营运效率。

实时数据库的一个重要特性就是实时性，包括数据实时性和事务实时性。数据实时性是现场输入/输出数据的更新周期，作为实时数据库，不能不考虑数据实时性。一般数据的实时性主要受现场设备的制约，特别是对于一些比较旧的系统，情况更是这样。事务实时性是指数据库对其事务处理的速度，它可以是事件触发方式或定时触发方式。事件触发是该事件一旦发生可以立刻获得调度，这类事件可以得到立即处理，但是比较消耗系统资源，而定时触发是在一定时间范围内获得调度权。作为一个完整的实时数据库，从系统的稳定性和实时性考虑，必须同时提供两种调度方式。

针对不同行业不同类型的企业，实时数据库的数据来源方式也各不相同。总体来说，数据的主要来源有分散控制系统(distributed control system，DCS)、由组态软件+PLC 建立的控制系统、数据采集系统、关系数据库系统、直接连接硬件设备和通过人机界面人工录入的数据。根据采集的方式可以分为支持 OPC(OLE for process control)协议的标准 OPC 方式、支持动态数据交换(dynamic data exchange，DDE)协议的标准 DDE 通信方式、支持 Modbus 协议的标准 Modbus 通信方式、通过开放数据库互联(open database connectivity，ODBC)协议的 ODBC 通信方式、通过应用程序接口(application programming interface，API)编写的专有通信方式、通过编写设备的专有协议驱动方式等。

1. 服务器系统模块

1)网络服务

网络服务主要负责将客户端发送的各种请求提交给相应模块，并将响应结果返回客户端。该单元还实现客户端用户身份验证以及连接数量限制等功能。

2) 测点信息服务

测点信息服务主要负责存储和管理测点列表, 并提供与测点列表有关的服务。

3) 实时数据服务

实时数据服务主要负责存储测点的实时值和状态, 对数据进行压缩过滤, 同时提供对实时数据访问的服务。

4) 历史数据服务

历史数据服务主要负责存储测点的历史值和历史状态, 提供高效可靠的历史数据访问和存储服务。

2. OPC 服务器

用于过程控制的 OPC 是由 OPC 基金会管理的一个工业标准。基于微软的对象连接与嵌入(object linking and embedding, OLE)、组件对象模型(component object model, COM)和分布式组件对象模型(distributed component object model, DCOM)技术, OPC 包括一整套接口、属性和方法的标准集, 用于过程控制和制造业自动化系统, 为各种各样的过程控制设备之间进行通信提供公用的接口。

3. 开放数据库互联

ODBC 提供了对结构化查询语言(structured query language, SQL)的支持, 接受并处理 SQL 命令, 用户可以像访问关系数据库那样以熟悉的形式访问实时数据库中管理的海量数据。

4. 在线服务

Web Service 是一个标准的 Web 服务, Web 用户通过其可配置、管理或浏览实时数据库的表、测点、实时数据、历史数据。

7.4 场级能量优化管理系统设计

7.4.1 有功功率耦合控制技术

风电场能量管理技术致力于实现风电场机群有功功率控制和风电场并网点无功功率调节功能。以风电场功率调节最优为宗旨, 建立变速恒频双馈发电机组仿真模型进行风电场仿真平台技术研究, 研发了有功功率主动零误差控制技术、无功功率-电压非线性自适应跟随控制技术和有功功率变化鲁棒控制技术, 实现风电场各项控制指标满足并网标准并极大提高限电下的发电量输出。

能量管理平台技术框架如图 7-11 所示。

图 7-11　能量管理平台技术框架

7.4.2　主动零误差控制技术

在电力系统依据供需平衡等因素调负荷期间，主动零误差控制技术的数据处理模块首先对风力发电机组的实时运行数据进行多维度分析，对其运行性能评估排序，然后通过基于毫米级高速控制模块决策出各机组的有功功率分配比例，对于快速变化的风速以及风向能够始终保持零误差动态调节。

技术开发依据国家电网公司 GB/T 19963.1—2021《风电场接入电力系统技术规定 第 1 部分：陆上风电》、DL/T 1040—2007《电网运行准则》和各省电力公司相关标准进行了全面升级优化[4]。该有功功率主动零误差控制技术具有完善的分配逻辑和控制算法，实现风场有功调节最佳寻优，实现毫秒级的数据运算处理，极大地提升了风电场的有功功率控制精度和协调管理能力，经风电场全景映射平台的不断迭代优化算法，已经研究出可适用于各种风况的控制模块。主动零误差控制技术功率分配流程如图 7-12 所示。

7.4.3　有功功率动态补偿技术

基于风电场关口表数据采集技术，针对调节对象不一致的非闭环控制模式等综合性运行状态进行研究，采用智能动态补偿技术实现闭环控制和控制对象的统一，以提高风电场有功功率调节控制的精度，并能实现动态补偿场耗电，提升风电场限电状态下的发电能力，在有限条件内最大限度地提升风电场的经济效益。

以往风电场的有功功率调节控制技术，风电场能量管理平台在进行有功功率调节时，以场站 AGC 子站接收到的网调下发的整场有功控制指令为控制目标量，控制整个场站的有功出力。为达到控制目标，能量管理平台以整场各个机组出口

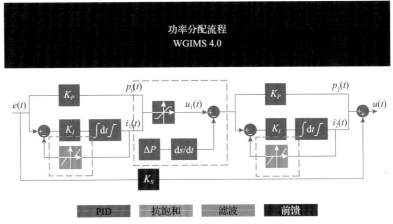

图 7-12　主动零误差控制技术功率分配流程

侧的单机实际有功功率之和作为整场实时有功功率量，通过前述整场有功功率控制技术实现有功快速零误差调节。在机侧有功功率实际值之和达到控制目标值时并未考虑风场的场耗电和线损情况，因此此时电网检测的整场并网侧实际有功功率较网调的目标指令偏小，一定程度上限制了风电场的发电能力，有损业主利益[5]。

　　为解决此问题，提供的简单方法是在进行整场有功功率控制时，在能量管理平台接收的 AGC 给定有功功率控制指令上叠加一个量，在控制时以这个叠加后的功率量作为控制目标，即实现提高机组侧的总有功功率量，以补偿场耗电和线损，提高并网侧功率，接近 AGC 子站下发的实际指令值，避免限制风电场的发电能力。该方法一定程度上可以补偿场耗电和线损，提高风电场的发电能力，由于此叠加量是一个固定值，并非无差调节，不能准确地反映各种情况下的风电场耗电和线损，使并网侧的有功功率值始终与网调的指令存在误差，严重时可能会超出电网对风电场有功功率控制精度的要求。

　　为了避免固定的补偿量造成的调节精度不受控的问题，研究提出了有功功率动态补偿技术，从而提高风电场的有功功率调节精度，动态补偿场耗电和线损，提高限电情况下的风电场发电量[6-8]。通过在风电场升压站并网侧关口表位置设置采集装置，采集并网高压侧的有功功率、无功功率、频率等信息。采集装置采用常用的 Modbus 通信协议把采集到的信息传递给能量管理平台工控机，作为能量管理平台控制逻辑的输入量。能量管理平台控制逻辑以采集装置采集到的并网点高压侧有功功率，取代机组侧计算的总功率作为全场实时有功功率值，以此值作为控制量，通过有功控制技术达到 AGC 子站下发的有功指令，此值考虑到了风电场场耗电和线损，能够实现有功功率动态补偿，提高风电场的有功功率调节精度，在限电情况下提升风电场的发电量。该技术已在多个风电场中得到应用，提高了风电场在限电情况下的发电能力，同时也为业主带来了巨大收益。风电场全景系统控制曲线如图 7-13 所示。

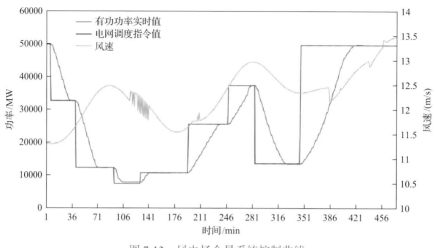

图 7-13　风电场全景系统控制曲线

7.5　场级电网支撑技术方案设计

7.5.1　多维度能量寻优的电网友好性技术

多维度能量寻优的电网友好性技术基于数字化模型的经典控制理论，应用多目标前馈闭环 PID、外部动态反馈修正算法和智能滤波技术，迭代创新出有功功率变化鲁棒控制技术、频率快速响应动态补偿控制技术和无功功率-电压非线性自适应跟随控制技术等，实现风电场高效运行和成本最优[9]。电网友好性技术如图 7-14 所示。

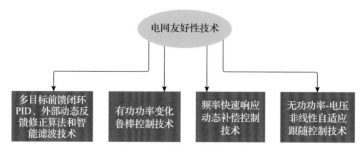

图 7-14　电网友好性技术

此项技术基于企业研发中心开发的调度算法，历经多次技术更新迭代和产品升级，目前已经大批量部署现场，通过统计数据分析可知，该项技术现场运行稳定，各项技术指标满足设计要求，故障率不到 0.1%，极大地提升了风电场运营方的社会效益和经济效益。

7.5.2 有功功率变化鲁棒控制技术

基于风力发电机组有功功率变化率技术，对风力发电机组的功率输出变化同风电场功率输出变化的关联以及超短期风功率预测技术的整合进行研究，提高风电场功率变化趋势判断的精准度，建立的最优控制策略在满足电网公司对功率变化率考核的基础上，能提高风力发电机组主要部件的疲劳寿命。

根据 GB/T 19963.1—2021《风电场接入电力系统技术规定 第1部分：陆上风电》，风电场有功功率变化包括 1min 有功功率变化和 10min 有功功率变化。在风电场并网以及风速增加过程中，风电场有功功率变化应当满足电力系统安全稳定运行的要求，其限值应根据所接入电力系统的频率调节特性，由电力系统调度机构确定。该要求也适用于风电场的正常停机，不允许出现因风速降低或风速超出切出风速而引起的风电场有功功率变化超出最大限值的情况。

为了达到电网标准，突破传统有功功率变化率控制，并保证调节效果，设置较大的触发余量，以解决提前工作导致业主发电量损失的问题，以及普遍存在的只关注场级有功功率变化率控制，未考虑单机状态，没有个性化的调节手段的问题。此项研究中提供一种调节精度和调节效率均较高的风力发电机组有功功率变化率智能控制技术，以克服现有控制方法调节精度和调节效率低的不足。有功功率变化率控制技术的流程如图 7-15 所示，此控制技术的具体步骤如下：

(1) 获取风电场的总装机容量，计算负荷标准的风电场 1min 和 10min 功率变化率限值。

(2) 获取风力发电机组的 SCADA 数据(主要包括风力发电机组的运行状态、有功功率、桨距角、叶片转速、齿轮箱温度、环境温度、长期平均风速、瞬时风速、长期平均功率、瞬时功率、过去 1min 及 10min 功率变化率)，并设置不同参数对风力发电机组优先级的影响权重，对并网的风力发电机组进行优先级排序，以过去 1min 及 10min 功率变化率对优先级的影响权重最高。

(3) 根据获取的 SCADA 数据预测风电场未来 1min 和 10min 功率变化值，首先根据获取的长期平均风速和瞬时风速，预测风电场未来 1min 和 10min 功率变化值，即第一功率变化值；然后根据获取的长期平均功率及瞬时功率，预测风电场未来 1min 和 10min 功率变化值，即第二功率变化值；最后计算第一功率变化值和第二功率变化值的加权平均数，所述加权平均数即最终的风电场未来 1min 和 10min 功率变化值。

(4) 根据计算得到的风电场 1min 和 10min 功率变化率限值预设报警阈值，判断预测的 1min 和 10min 功率变化值是否达到预设的报警阈值，若达到报警阈值则进行报警；报警阈值包括低报警阈值和高报警阈值，当步骤(3)中预测的风电场

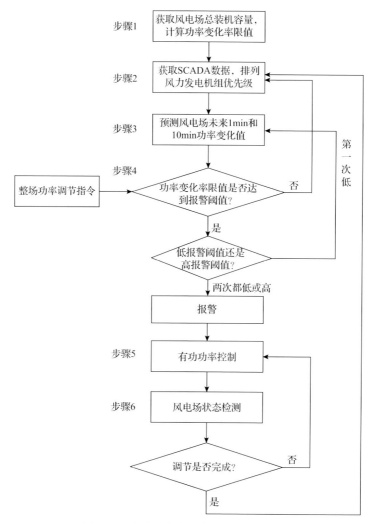

图 7-15　有功功率变化率控制技术流程图

1min 或 10min 功率变化值达到低报警阈值时，重新预测风电场 1min 和 10min 功率变化值，并判断是否达到低报警阈值；如果重新预测的风电场 1min 或 10min 功率变化值再次达到低报警阈值，则进行报警，如果重新预测的风电场 1min 和 10min 功率变化值没有达到低报警阈值，则不进行报警，返回步骤(2)；当步骤(3)中预测的风电场 1min 或 10min 功率变化值达到高报警阈值时，立即进行报警。

(5)按风力发电机组的优先级调节风力发电机组的功率变化率，直至整个风电场 1min 和 10min 功率变化值低于报警阈值。

具体按风力发电机组优先级，首先对优先级较高的风力发电机组的功率变化率进行调节，若风电场 1min 和 10min 功率变化值降回到低报警阈值以下，则停止调节；若风电场 1min 和 10min 功率变化值还高于低报警阈值，则按优先级对后序的风力发电机组的功率变化率进行调节，直至风电场 1min 和 10min 功率变化值低于低报警阈值。

（6）对一定时间内风电场 1min 和 10min 功率变化值进行监测，若一定时间内风电场 1min 和 10min 功率变化值未达到低报警阈值，则设置为自由发电模式，并返回步骤（2）；若一定时间内风电场 1min 和 10min 功率变化值达到低报警阈值，则返回步骤（4）。

此风电场有功功率变化率控制技术不仅能够对有功功率输出爬坡过程功率变化率进行控制，而且能够对有功功率输出下探过程中功率变化率进行控制。根据 SCADA 数据对风力发电机组进行排序，并对功率变化率进行预测，预测精度较高，通过对单个风力发电机组按顺序进行控制实现对整个风电场功率变化率的优化控制，提高了调节精度和调节效率，并最大限度地保证了发电量。

7.5.3 无功功率-电压非线性自适应技术

风电场并网电压同无功补偿之间没有纯线性理论公式关系，无法通过公式和计算精准获取两者之间的对应关系，该技术采用的自适应寻优控制技术通过对历史运行数据的全量采集、智能归类以及统计分析建立电压和无功功率的关系模型，设计控制补偿策略，实现全闭环无功控制。同时采用全套毫秒级数据通信采集方案，实现对电压和电流等瞬态值的精准抓取和判断，确保全套系统的无功补偿完成时间小于 1s。在采用自研的无功电压控制技术后，对电网电压的非正常扰动可以无遗漏及时抓取并进行判断分析，在需要补偿接入时，分配到机组的无功指令可以毫秒级迅速下发指导机组动作，快速完成单次无功补偿调节；同时可以获知，采用该技术的无功输出曲线使得调节指令的误差很小，可以做到精确随动。

此项技术已批量部署现场，从统计结果来看，该技术可以实现稳定运行、降低故障率，并为业主带来更高的收益。

7.5.4 频率快速响应动态补偿控制技术

通过迭代优化后的高精度采集频率装置实时获取毫秒级数据，准确判断整场是否需要快速调频以支撑电网稳定运行，在需要调频时，协调场内机组统一快速动作，风力发电机组对运行特性、转矩和变桨协调控制以及惯量调节等进行协调控制，完成快速调频任务。

此项技术始于西北电网有限公司下发的关于西北五省新能源场站需具备一次调频能力的技术规范，基于早先企业研发中心开发的调度算法并配合成熟的采集模式，在风电场完成频率快速响应调节模块的部署测试工作，通过分析现场数据可知，现场基本捕获了所有的电网频率非正常扰动。对于频率超限触发调频程序后，能够在百毫秒内完成对频率扰动的判断和补偿量的计算并下发风力发电机组执行，风力发电机组在接收到指令 2s 内做出相应动作，5～6s 内完成单次调节。电网频率恢复正常后，风场功率输出会立刻恢复正常模式。现场试运行期间未出现频率调节不合格被考核情况。此技术在调频下能够尽量提高业主发电量，同时避免业主因频率波动调节不合格被考核而无法获取电网补贴的情况出现，能够显著提升业主收益。

7.6　风电场机组健康评估技术

依托智慧风电管控平台强大的建模和数据分析挖掘能力，进行机组故障诊断和预测模型的迭代训练及优化，将模型部署于风电管控平台进行实际运行。其中，健康评估系统包含了典型故障诊断、关键部件故障预测和多指标评价体系，在运维效率、运维成本等方面带来了极大的经济利益[10]。

智慧风电管控平台结构如图 7-16 所示。

针对风力发电机组各设备之间耦合性强，故障原因复杂、多样，采用单一的故障诊断方法受自身的局限性影响，故障诊断效果不太理想。尤其风力发电机组的传动链系统是整个风力发电机组的核心系统之一，对其状态进行监视、预测有着非常重要的意义。本节提出的基于风电管控平台的全量数据的深度自编码网络模型，能对齿轮箱和推力轴承的状态进行整体分析，用深度学习数据规则挖掘其蕴含的分布式特征，从而提取齿轮箱和推力轴承的状态预测指标，实现传动链关键部件的预测[11]。

深度自编码模型是一种由多个受限玻尔兹曼机(restricted Boltzmann machine，RBM)连接构成的深度学习网络，其低层表示原始数据的浅层特征，高层表示数据类别或属性。该模型从低层到高层逐层抽象，因此可以深度挖掘和识别数据内部的本质特征。每层 RBM 的输出作为上一层 RBM 的输入，实现对学习结果的逐层传递，达到在高层获取比低层更具特征识别能力且更抽象的输出 y，该过程称为编码。然后通过 RBM 反向解码，由原来的高层输入 y，得到重构的 x，编码和解码过程组成了深度自编码网络模型逐层学习的过程。

模型通过预训练，对网络参数进行逐层无监督的初始化。在预训练结束后，每层 RBM 获得一个初始参数，这就构成了齿轮箱领域自适应(domain adaptation，DA)模型的初步结构，然后采用长期正常运行状态下的标签数据集进行有监督学习，运用误差反向传播(back propagation，BP)算法对网络参数进行微调，最终网络模型的识别性能达到整体最优[12]。

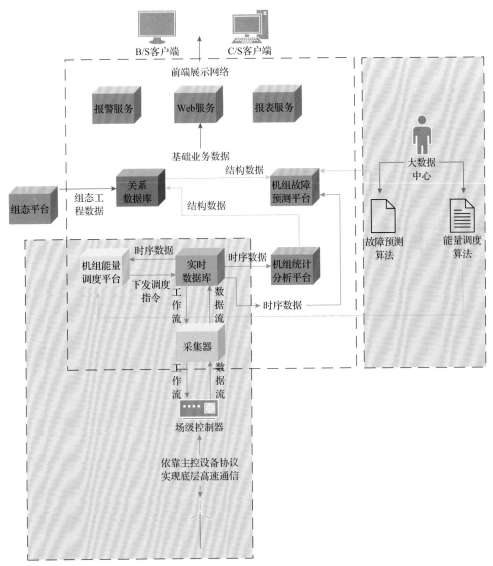

图 7-16　智慧风电管控平台结构

　　考虑到风力发电机组齿轮箱运行状态的波动性，预测阈值需要自适应；推力轴承的故障通常具有较小的波动，采用指数加权移动平均(exponentially weighted moving-average，EWMA)设定阈值。齿轮箱油温超限故障树如图 7-17 所示。

　　智能风电场管理系统专注于庞大的风电运维后市场，以全量感知、智慧运营为设计目标，以电网支撑、电网友好为产业化目标，在高速互联、全景监控、能量管理、电网支撑、健康评估、场站调度自动化六个方面取得了成功突破，主要优势如下：

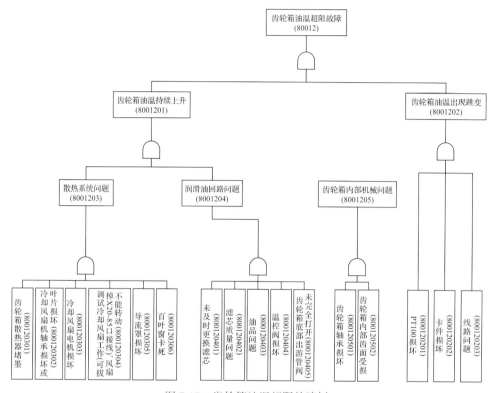

图 7-17 齿轮箱油温超限故障树

(1) 智能风电场管控平台在提升风电场发电效能和电网适应性两方面作用显著，有效促进了风电并网消纳，提高了风电场运营商的收益，具有良好的经济效益和社会效益。

(2) 开展机组有功调频和无功调压的智能调节技术攻关，提升其调节响应时间和调节精度，对推进集风电场并网消纳能力，解决风电领域重大技术问题等具有重要价值，保护了电力系统安全，推进了并网消纳，满足了 GB/T 19963.1—2021《风电场接入电力系统技术规定 第 1 部分：陆上风电》等规定。

(3) 该系统在两方面提升了风电场运营效益。一是有功动态补偿，目前一个风电场的装机容量普遍在 5 万 kW 以上，以单台机组 1.5MW 计，风电场机组数量超过 33 台。众多数量的机组之间会产生较大的尾流影响，尾流控制和扇区管理水平影响着风场整体的发电量；同时在限电工况下，风电场内的集电线路和升压站存在电量损耗。该系统可以动态计算电量损耗并进行动态补偿，确保风电场整体实时功率满足限电指令要求，最大限度地提升风电场发电量。二是柔性功率控制，当风电场满发运行时，部分机组因为故障或需要维护，该系统可以通过机组安全余量评估结果，结合机组实时风况，自主提升机组额定功率，弥补个别机组因故障或维护造成的损失；当风电场限电运行时，能够进行风电场内负荷优化调度及机组灵活变工况运行，保证风电场输出功率持续满足电网要求。

该系统可以可靠地与风力发电机组主控 PLC 进行通信，保证了机组的降载策略、发电逻辑以及故障穿越策略得以协调匹配实施。

参 考 文 献

[1] 杨文华. 风电场监控系统现状和发展趋势综述[J]. 宁夏电力, 2011, (4): 51-56.

[2] 韩强, 谭宇阳, 张正中, 等. 智能型风力发电调管控一体化综合应用平台设计[J]. 智慧电力, 2012, 40(6): 35-38, 48.

[3] 徐长安. 基于统一平台的风电场监控系统的设计及实现[D]. 北京: 中国科学院大学, 2013.

[4] 中国电力企业联合会. 风电场接入电力系统技术规定 第 1 部分: 陆上风电[S]. GB/T 19963.1—2021. 北京: 中国标准出版社, 2021.

[5] 国家电网公司. 风电有功功率自动控制技术规范[S]. Q/GDW 11273—2014. 北京: 国家电网公司, 2014.

[6] 国家电网公司. 风电无功电压自动控制技术规范[S]. Q/GDW 11274—2014. 北京: 国家电网公司, 2014.

[7] 崔正湃, 王皓靖, 马锁明, 等. 大规模风电汇集系统动态无功补偿装置运行现状及提升措施[J]. 电网技术, 2015, 39(7): 1873-1878.

[8] 范雪峰, 张中丹, 杨昌海, 等. 大型风电基地动态无功补偿对风电外送动态稳定性的提升作用研究[J]. 电网与清洁能源, 2013, 29(10): 66-73.

[9] 胡婷. 大规模风电并网运行频率稳定与控制策略研究[D]. 北京: 华北电力大学, 2014.

[10] 李雪明, 行舟, 陈振寰, 等. 大型集群风电有功智能控制系统设计[J]. 电力系统自动化, 2010, 34(17): 59-63.

[11] 陈雪峰, 李继猛, 程航, 等. 风力发电机状态监测和故障诊断技术的研究与进展[J]. 机械工程学报, 2011, 47(9): 45-52.

[12] 董玉亮, 李亚琼, 曹海斌, 等. 基于运行工况辨识的风电机组健康状态实时评价方法[J]. 中国电机工程学报, 2013, 33(11): 15, 88-95.

第8章 支撑结构

8.1 机 架

　　风力发电机组中，机架通常是机舱内最重要的安装平台，如图 8-1 所示，机架承载着主轴、齿轮箱、发电机、轮毂、制动器等部件，是整机中的工作核心结构，其结构设计关系到整机的稳定运行与否。

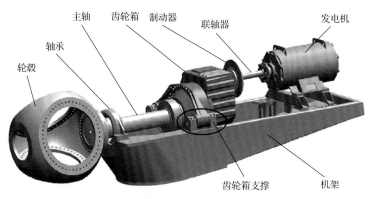

图 8-1　机架与其他部件安装关系

8.1.1　结构

　　如图 8-2 所示，大功率双馈式风力发电机组的机架通常由前后两部分组成，前部为铸造主机架，后部为焊接结构的发电机机架，前后两者通过螺栓连接为一个整体。

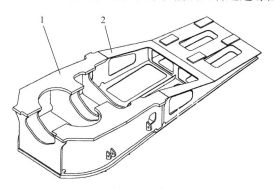

图 8-2　机架
1. 主机架；2. 发电机机架

主机架上布置有主轴、轴承、齿轮箱、转子锁定盘以及偏航驱动器等部件，是整机中受力最复杂的构件。发电机机架承载着发电机、机舱控制柜及机舱吊车等部件。

8.1.2 常用材料

主机架的铸造材料通常为球墨铸铁，如 QT400-15，其具有较高的韧性及低温环境下性能较好的特点，同时该材料也有一定的耐腐蚀性。机架由于是铸造件，一次成型，重量大，不能有任何关键点的设计失误和偏差。

发电机机架多采用 Q345D 板材为焊接材料，这种材料具有强度和刚度高、重量轻、生产制造简便等特点。

8.1.3 设计流程

机架的设计流程如下：

(1)作为基本的承载、装配平台，设计初始应明确输入数据，包括传动链布置形式(包括两点支撑、三点支撑等)及接口尺寸(轴承座、齿轮箱、发电机等)、偏航系统的尺寸及布置形式(偏航驱动器数量及内/外啮合形式、偏航轴承连接方式、偏航卡钳数量及内外布置形式)、主机架与发电机机架连接方式、主轴与轮毂连接形式等。由输入数据确定结构形式及尺寸后，进行三维设计。

(2)初步三维设计后，进行载荷计算(根据材料力学、弹性力学等固体力学理论和计算公式以及有限元载荷分析)。

(3)依据计算结果进行优化改进，并与电气等产品供应商直接接触确认接口尺寸及布置方案，进行详细优化设计。

(4)收集所有相关安装产品的三维图，建立对应的装配图，检查是否干涉等。

(5)在载荷计算达到要求后，进行工程图绘制。

8.2 塔 架

8.2.1 功能

风力发电机组的塔架用来支撑机舱和叶轮，它的作用是保持叶轮距离地面一定的高度，确保叶轮能利用一定的风资源。

在风力发电机组的设备中，塔架是对技术依赖性较低的部件，它的结构简单，易于优化设计。塔架具有庞大的体积，它的成本在风力发电机组中占有很大的比例，因此设计时在满足设计目标的前提下应尽可能地对其进行优化，以有效降低造价。

8.2.2　结构及类型

大型风力发电机组的塔架从材料上区分，有钢塔、钢筋混凝土塔、钢筋混凝土-钢塔等；从结构上，又分为筒式塔(塔整体为方形或圆形筒状)、桁架式塔等。在应用上，筒式塔应用最多，其中筒式钢塔、钢筋混凝土塔、钢筋混凝土-钢塔均采用了筒式结构；桁架式塔应用在风力发电机组上时，主体材料多采用钢材，应用比较少。下面介绍筒式钢塔、钢筋混凝土塔、钢筋混凝土-钢塔。

1. 筒式钢塔

在风力发电机组的发展历程中，筒式钢塔是应用最多的塔架。早期的风力发电机组叶轮直径只有 10m 多，塔高在 30m 附近，在设计塔架时，主要考虑其承受载荷能力并避免共振破坏。现在低风速地区风力发电机组大力发展，叶轮直径已经超过 140m，轮毂高度开始向 120m 甚至更高发展，此时如果按照以往的方案设计塔架，塔架高度每提高 20m，其成本将近似成倍增加，为解决此问题，"柔性筒式钢塔"的概念应运而生，区别于此，以往类型的塔架可称为"刚性筒式钢塔"。

1)刚性筒式钢塔

筒式钢塔主体如图 8-3 所示，其材料一般采用低合金结构钢。钢塔呈圆柱形或圆锥形，还有圆柱和圆锥混合型。每个筒式钢塔由若干个筒节组成，每个筒节由若干个钢板卷制成筒并逐段焊接。每个筒节两端分别焊接一个法兰，用以连接其他筒节。除筒体和法兰外，每个筒节内还有大量的用于连接爬梯、工作平台、电缆等内附件。塔筒与地基连接时，需要在地基中预埋一个基础法兰。塔筒基础法兰如图 8-4 所示，是整个风力发电机组屹立不倒的根本，因此对基础法兰的施

图 8-3　筒式钢塔主体

图 8-4　塔筒基础法兰

工过程的工艺控制不能忽视，塔筒最低端的法兰就固定在这个基础法兰上。

2）柔性筒式钢塔

柔性筒式钢塔（以下称为柔塔）是近几年随着塔筒高度要求而发展的一种塔筒形式。柔塔的"柔"，其实与叶轮额定转速相关（叶轮额定转速下的一阶频率称为1P，三阶频率称为 3P）。如果塔架自身的频率在叶轮一阶频率以上，那么可看成传统塔架；如果塔架自身频率在 1P 以下，相对传统塔架的刚度较"软"，则称为柔塔。

由于柔塔频率低于叶轮额定转速频率，即对于柔塔来说，从叶轮起转到叶轮达到额定转速期间会在某个转速点上与叶轮出现共振，柔塔的设计重点是避免塔筒在共振区域附近运行，并采取有效措施降低塔架的振幅。因此，柔塔依赖高可靠性的机组运行控制策略，且塔架本身一般应具有一定的阻尼功能，来吸收外界冲击带来的能量，以降低塔体振幅。

2. 钢筋混凝土塔

钢筋混凝土塔主要材料为高强度混凝土及高强度钢筋，以锥式塔筒为主，根据制作方法，分为现场浇筑型和预制型两种；又根据钢筋是否在浇筑前施加预应力，分为预应力塔架和非预应力塔架。钢筋混凝土塔筒如图8-5所示。

钢筋混凝土塔除主体材料为混凝土，其他结构和筒式钢塔极为相似，且具有筒体相互连接的必要组件（功能类似于筒式钢塔的法兰）、内附件等。

钢筋混凝土塔在接近地面部分的筒体直径较大，如图8-6所示，在同等承受能力下，接近筒式钢塔直径的 2 倍。钢筋混凝土庞大的体积使其运输和生产困难程度较大，为降低这些困难，钢筋混凝土塔往往采用分多节、分多瓣的方式来设计。

图 8-5　钢筋混凝土塔筒

图 8-6　钢筋混凝土塔地面部分

3. 钢筋混凝土-钢塔

钢筋混凝土-钢塔如图 8-7 所示，此类塔架一般采用下部钢筋混凝土、上部筒式钢塔的组合，既充分利用了钢筋混凝土塔经济性好的优点，又利用了筒式钢塔便于预制、吊装和运输的特点。在低风速风力发电机组设计中，采用高塔架设计时，应用这种类型的筒体经济效益较好。

图 8-7 钢筋混凝土-钢塔

8.2.3 塔架设计

筒式钢塔有非常成熟的方案并经过了长期的验证，本节介绍筒式钢塔的设计过程，以下称筒式钢塔为塔筒。

由于目前中国塔筒市场比较成熟，原材料和生产工艺也基本相同。借鉴目前成熟的大型支撑结构用料，塔筒主体材料大多采用低合金结构钢板焊接，连接法兰多采用低合金结构钢整体锻造。塔筒除筒体外，还有门系统、用于攀爬和支撑电气系统的附件等。内附件多采用低碳钢制作。塔筒在设计阶段，需要先设计筒体部分，再设计内附件。

1. 筒体设计

筒体是支撑风力发电机组的支柱，它除了支撑机组，还需要负责连接筒内附件。由于筒体材料为钢板，目前的冶金技术使其具有稳定的各向同性。筒体材料的许用应力和屈服强度是可知的，通过计算机辅助设计，可以模拟筒体在风力载荷和重力载荷的作用下，钢板的每个部位的应力分布情况。再比较应力和材料的许用应力，可确定设计的筒体是否可以承受预期的载荷。此外，计算机还可以分析出整个筒体的固有频率，据此可以使塔筒的固有频率避开机组内设备的运行频率，避免筒体发生共振而倒塔。筒体设计完毕后，即可进行内附件设计。

2. 内附件设计

塔筒内附件是风力发电机组运行及维护必备的设施，包含门、工作平台、爬升设备、电缆导向及固定设施、电气柜支撑设施及照明设备等。

1）塔筒外部平台

塔筒外部平台如图 8-8 所示，供作业人员进入塔筒时使用。塔筒外部平台的组成主要有调平器、扶手栏杆和梯步踏板，其中调平器用于塔筒外部平台的调平。

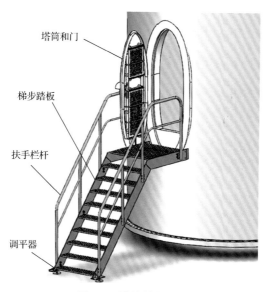

塔筒和门

梯步踏板

扶手栏杆

调平器

图 8-8　塔筒外部平台

一般塔筒外部平台地脚要支撑在地面上，平台上部分一般考虑与位于塔筒门内的平台平齐，便于人员出入，因此该平台的高度应综合考虑塔筒门框与地面的高度。为避免施工误差造成平台不适用于现场场合，应在平台上设置高度调整设施，以便于平台能按预期适用于现场。

2）电气柜平台

为方便控制机组和输出电能，塔筒底部一般布置了控制机组基本运行的控制柜、为设备供电的开关柜，此外还布置了电能输入/输出的变流设备。电气柜平台在设计时，应考虑这些电气设备的布置位置，并根据电气设备的热功耗安排足够的散热空间。电气柜平台如图 8-9 所示，其除具有布置电气柜的功能，还需要为塔筒底部设备和紧固件的维护预留通道，并为塔筒攀爬预留空间。

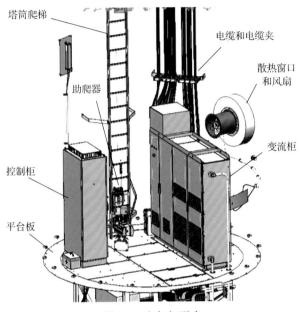

图 8-9　电气柜平台

3) 塔筒内攀爬设施及电缆固定设施

塔筒内攀爬设施及电缆固定设施如图 8-10 所示。塔筒内需要布置可靠的自助

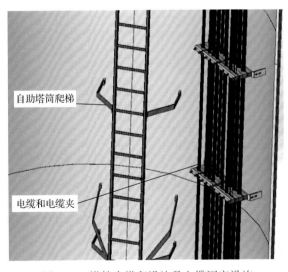

图 8-10　塔筒内攀爬设施及电缆固定设施

攀爬设施，保证塔筒内断电后，仍然可以进行攀爬作业。一般地，塔筒内部会贯穿整个塔筒布置一套爬梯，爬梯在设计过程，一般需要布置足够的支撑设施，避免爬梯晃动，且在上下爬梯时，避免爬梯附件有障碍物遮挡作业人员上下。塔筒内需要布置输电电缆和通信缆，塔筒内应采取电缆固定措施，避免电缆因滑动和晃动而磨损，直接接触电缆的设施应具有优秀的绝缘性能。

4）塔筒工作平台

在每个筒节上部靠近法兰的位置，一般设置工作平台，便于以后对法兰的螺栓进行维护和检查。塔筒工作平台如图 8-11 所示，一般应设置开口来吊装运维设备和工具，该开口周围应设置护栏，保护作业人员。平台上的开口周围应设置踢脚板，避免小件物品从开口处滑落而砸上塔筒下的设备或人员。平台上，爬梯开口一般应配备盖板，避免作业人员在开口处坠落。平台上电缆开口的空间应充足，避免电缆在安装时被开口划伤。平台一般采用薄板铺设，因此布置平台时，应当在平台下方设置承重梁结构，保证平台的刚度。平台与塔筒连接时，一般在塔筒壁上焊接连接附件，平台通过这些附件与塔筒壁连接。

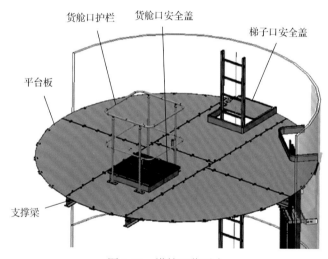

图 8-11　塔筒工作平台

5）偏航平台

在塔筒的最顶部，塔筒和机架连接的位置布置着偏航系统。经过偏航系统，即到达了机舱内部。在机架与塔筒连接的正下方 2m 左右处一般布置一个偏航平台，如图 8-12 所示，便于进行维护作业和攀爬机舱。该平台的基本布置和塔筒工作平台类似，但是需要设置一组梯子，无论在机舱偏航到何角度，该梯子都应能帮助作业人员攀爬到机舱内部。偏航平台正下方一般设置一圈集油槽，用来收集机舱内设备泄漏的油脂，保持塔筒整体清洁度。

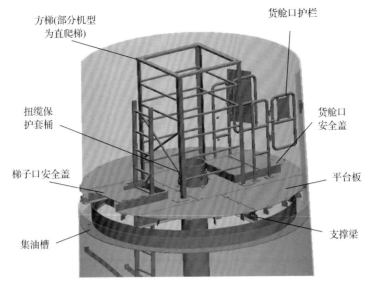

图 8-12　偏航平台

塔筒的内附件大多通过螺栓连接预焊在筒壁上的连接件上,焊接的连接件强度和可靠性非常高,但是焊接连接件时会对筒体造成损伤,因此筒体在设计时应当考虑这些损伤存在的潜在隐患,并充分保留安全裕度。塔筒筒体是由许多钢板卷制焊接而成的,筒体本身的焊缝可靠性是影响筒体可靠性的重要因素之一,因此如果将内附件焊接在筒壁上,应考虑内附件焊接时热影响区对筒体焊缝的影响,并尽量采取措施避免这些影响。

8.2.4　塔筒检测

塔筒在制作过程中,需要经过多方面的检测,每项检测符合预期的要求后,方可称为合格的产品。

1. 原材料检验

钢板是塔筒筒壁的重要组成部分,应当通过检测来确保钢板的厚度、化学成分和力学性能是符合要求的,并确保其表面没有不可接受的缺陷和锈蚀。

焊接材料在存放时,含水率可能会增加,在生产前,应当对焊剂的含水率进行检查,避免影响焊接效果。

2. 生产过程检验

塔筒制作主要过程为卷制—焊接—内附件焊接—喷涂—内附件安装。内附件制作过程主要为切削、焊接、镀锌或其他防腐措施、螺栓连接。

制作塔筒时,应对卷制的椭圆度和外形尺寸进行检测,避免尺寸超差,并要避免和相邻筒体焊接时产生不可接受的错位。

筒体焊接完毕后，应当对其焊缝进行无损检测，检测方法可采用射线探伤、超声波探伤或磁粉探伤等。塔筒的焊缝检测，可根据温度、生产连续性和稳定性等因素，确定检测的抽样率，当稳定性较好，且连续生产时，一般可采取较低的抽样率。每个钢板自行卷制拼接的焊缝一般称为纵向焊缝，两个相邻钢板卷制后焊接的焊缝一般称为环向焊缝。纵向焊缝和环向焊缝的焊接质量一般比较稳定，且易控制，但是环向焊缝和纵向焊缝交接处产生的 T 形焊缝，由于两个焊缝的相互影响，该处焊缝易产生裂纹，因此应在检测焊缝时，对该处重点关注。

内附件制作过程，一般更需要关注其外形尺寸是否超差，内附件的焊接多采用角焊缝，且一般不需要计算焊缝强度，该处焊缝以磁粉探伤为主。

内附件连接件与塔筒焊接时，一般采用角焊缝。当该连接件为爬梯或工作平台承受连接件时，该处可通过射线或超声波探伤抽检，以磁粉普遍探伤。

防腐检验时，一般需要检验镀锌或喷漆的厚度是否符合预期的要求。当被防腐的部位处在易锈蚀环境时，应当确保部件大部分覆盖的防腐涂料在要求的范围内越厚越好。

筒体生产完毕后，在其安装前，应当经常检查每个筒节法兰的椭圆度，避免椭圆度超差而无法使筒体之间对接。为避免筒体存放时法兰椭圆度超差，一般应当采取措施支撑筒体法兰，避免筒体法兰严重变形。

第 9 章 辅 助 系 统

9.1 液 压 系 统

9.1.1 功能

　　风力发电机组形式不同，液压系统会有所差别，目前行业内低风速风力发电机组采用的是常规主动式液压系统，主要为高速轴制动器和偏航制动器提供液压动力。

　　安全制动是保证风力发电机组正常运行发电、防止事故发生、进行启动和停机的重要部分。因此液压系统的正常工作与否直接决定着低风速风力发电机组能否正常工作。

9.1.2 组成及原理

　　低风速风力发电机组液压系统主要包括如下几部分：

　　(1)动力部分，将机械能转化为液压能，主要包括液压泵和手动泵，给系统提供液压能。

　　(2)执行部分，将液压能转化为机械能，主要包括制动器，将液压力转化为制动片的摩擦力，实现制动功能。

　　(3)控制部分，控制液体压力、流量和流动方向，主要包括溢流阀、减压阀、单向阀、电磁换向阀、节流阀等。

　　(4)辅助部分，如加热、过滤、输送、储存、检测工作介质，主要包括加热器、可视液位计、过滤器、油箱、蓄能器、温度传感器、压力传感器等。

　　(5)工作介质，即液压油，为实现系统功能的重要载体。

　　液压系统主要分为两个旁路以实现不同的功能，即转子制动(高速轴制动)旁路和偏航制动旁路。液压系统中的一些压力传感器、温度传感器直接和主控相连，主控通过程序控制液压系统内的各路压力大小来实现不同的功能。当系统发生紧急状态时，由蓄能器提供应急动力源，其液压系统工作原理如图 9-1 所示。

　　对于转子制动旁路，机组正常工作时，转子需正常运转，旁路电磁换向阀 Y1、Y2 得电，转子制动释放，不产生制动力；当需要转子制动时，Y1、Y2 失电，主油路压力油经电磁阀 Y1 进入制动钳，转子制动。

　　对于偏航制动旁路，机组正常工作时，偏航制动需保持制动抱死状态，电磁

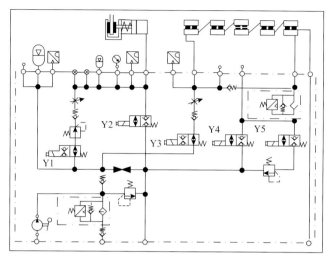

图 9-1　液压系统工作原理

换向阀 Y3、Y4、Y5 失电；当机组需要偏航时，电磁换向阀 Y5 得电，偏航制动状态为半抱死状态，作为一个阻尼器，确保偏航过程中机组的稳定；当机组需要解缆时，电磁换向阀 Y4 得电，偏航制动完全释放。

9.1.3　设计方法

设计液压系统时应考虑下列因素：

(1)元件(液压泵、管路、阀、制动器)的尺寸应适当，以保证其所需的反应时间、动作速度、作用力。

(2)运行期间，液压组件中的压力波动可能导致的疲劳破坏。

(3)控制功能与安全系统应能完全分离。

(4)液压系统应设计成在无压力或液压失效情况下系统仍处于安全状态。

(5)制动器仅在具有液压力时才能实现其制动功能，液压系统应设计成在动力供给失效后能使机组保持在安全状态的时间不少于 5 天。

(6)机组设计运行气候条件(油/液体黏度、冷却、加热等)。

(7)泄漏不应对其功能产生有害影响，若出现泄漏应能进行监控，并对风力发电机组进行相应的控制，如制动器在液压动作下沿两个方向移动，应设计成"液压加载"式。

(8)布置管路时，应考虑组件间的相互运动和由此产生的作用于管子上的动应力(参照 JB/T 10427—2004《风力发电机组一般液压系统》)。

低风速风力发电机组液压系统常规设计流程如图 9-2 所示，通过载荷计算提出参数要求，初步选型计算，反复迭代直到满足系统要求。

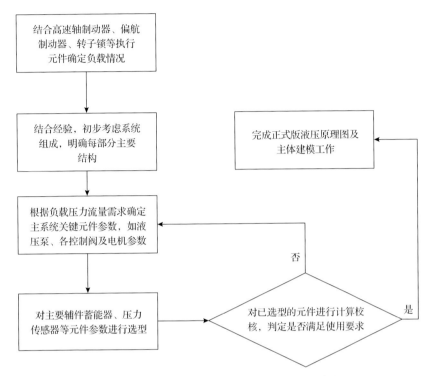

图 9-2 低风速风力发电机组液压系统常规设计流程

9.1.4 检测

当液压系统组装完成后，应进行如下项目的试验：

(1)系统的通路试验，检查其管路、阀门、各通路是否畅通，有无滞塞现象。

(2)系统空转试验，检查其各部位操作是否灵活，表盘指针显示是否无误、准确、清晰。

(3)密封性试验，检查是否有渗漏现象。

(4)压力试验，检查各分系统的压力是否达到了设计要求。

(5)流量试验，检查其流量是否达到了设计要求。

(6)外观检查，即目视检查外观，应美观大方、颜色协调，无划伤痕迹。

(7)与并网型风力发电机组控制功能相适应的模拟试验和考核试验，其工作状况应准确无误、协调一致，连续考核运行应不少于 24h。

(8)当液压系统单机试验合格后，应对装入并网型风力发电机组进行调试，检查其是否达到机组的控制要求。

(9)试验完应进行记录，并给出试验报告(参照 JB/T 10427—2004)。

9.2　自动润滑系统

9.2.1　系统简介

　　风力发电机组轴承的良好润滑是可靠运行的基本保障。自动润滑系统可以为轴承定时注入一定量的润滑脂，使轴承滚子能够及时得到充分、良好的润滑，减小运转过程中的摩擦和磨损，避免轴承内部沟道及轴承滚子表面失效，延长了使用寿命。与手动润滑相比，自动润滑系统提供的润滑脂供给更为及时和精准，能减少润滑脂浪费及降低污染，从而延长服务周期，降低风力发电机组的维护成本。

　　风力发电机组的自动润滑系统主要包括推力轴承润滑系统、偏航轴承润滑系统（偏航轴承滚道润滑及齿轮润滑）、变桨轴承润滑系统（变桨轴承滚道润滑及齿轮润滑）三部分。

9.2.2　类型及组成

　　根据自动润滑形式，自动润滑系统主要有如下几种类型：单线润滑系统、多线润滑系统、递进式润滑系统。

　　1. 单线润滑系统

　　单线润滑系统中，由润滑泵将润滑脂注入单根主管线，再通过注油器，"点对点"分配到润滑点，如图 9-3 所示。多个注油器可以以并联方式接入主管线，一处

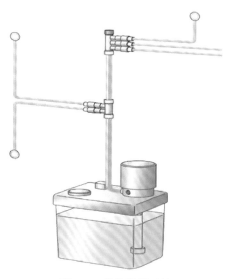

图 9-3　单线润滑系统

润滑点发生堵塞，不影响其他润滑点，因此单线润滑系统维护周期长，但发生堵塞也不易监控，目前单线润滑系统主要在海上风力发电机组中有所应用。

2. 多线润滑系统

多线润滑系统中，多点润滑泵有多个出油口，每个出油口根据需要注入定量润滑剂至注油器或分配器，进行"点对点"或递进分配到润滑点，如图9-4所示。多线润滑系统适用于润滑点较分散且润滑量较大的应用场景，对于多个润滑点距离较近的系统不太经济，因此目前在风力发电机组中应用较少。

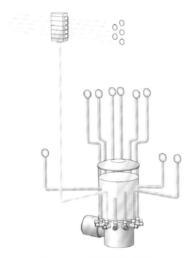

图 9-4　多线润滑系统

3. 递进式润滑系统

递进式润滑系统中，由润滑泵将润滑脂通过单根主管线注入分配器，分配器通过顺序动作逐个分配润滑脂，以递进的方式连续运行，一旦系统故障或某个注油点发生堵塞，后续动作无法进行，系统停止工作，因此通过安装特定的指示器，便可监测整个分配器的运动状况，一旦发生堵塞，便可实现报警。此外根据需要，主分配器可以连接二级分配器，润滑点可通过二级分配器逐步分解。递进式润滑系统具有结构紧凑、成本低、监控可靠性高的优点，因此普遍应用在低风速风力发电机组的自动润滑系统中，结构如图9-5所示。

低风速风力发电机组递进式润滑系统主要包括如下部分。

1) 润滑泵及控制系统

润滑泵如图9-6所示，其作用是为整个润滑系统提供动力来源，内置油箱用于储存润滑脂，并带有刮油盘或压油盘。润滑泵配有低油位控制开关，当油箱润滑脂不足时，控制开关会触发低位信号给控制系统，提示及时补充润滑脂；润滑泵泵芯配有安全阀予以保护，当安全阀有润滑脂溢出时，说明系统有故障；润滑泵的PLC控制润滑泵按设定要求周期工作，对润滑泵及系统的启动时间进行控制。

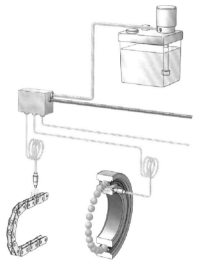

图 9-5　递进式润滑系统

图 9-6　润滑泵

2）分配器

分配器如图 9-7 所示，其作用是按需定量分配润滑脂，分配器内的柱塞按照预先确定的顺序递进式运动，各柱塞的运动是相互关联的，下一个柱塞开始运动之前，前一个柱塞必须完全完成其运动行程，并且不断重复该循环，润滑脂在分配器内递进式流出。同样，二级分配器出现堵塞，主分配器也会堵塞，整个系统会停止运行。一般在主分配器的柱塞上安装感应开关，感应开关感应不到柱塞的运行，控制装置接收不到开关信号就会发出故障报警，从而实现监控整个润滑系统。

图 9-7　分配器

3)管路组件

采用压力塑料软管连接润滑泵、分配器及润滑点，连接接头需要抗腐蚀性强、有良好的密封防护，插拔时能防止灰尘进入。

4)润滑小齿(仅齿轮润滑使用)

润滑小齿在齿面上开有均匀润滑小孔，齿面设置油槽，通过与偏航或变桨轴承的齿轮啮合，将润滑脂均匀涂抹到相啮合的齿轮表面，防止油脂飞溅，油量消耗小，不产生污染，润滑效果好，如图9-8所示。

图 9-8　润滑小齿

9.2.3　选型设计

自动润滑系统设计过程中需要考虑如下因素：

(1)泵的选择。根据安装位置选择是否带压油盘，根据不同的油脂和机型环境选择不同功率的电机，保证油脂的正常输入。

(2)润滑脂匹配因素。根据风力发电机组应用环境和管线的布置要求，选用油脂除满足轴承润滑以外，还需和自动润滑系统匹配，尤其是需要考虑其低温泵送情况和压阻情况，也需要验证高温的离析干结等问题。

(3)润滑点排布位置的选择。在高应力区和易损耗区应加密润滑点排布，如变桨轴承外圈与轮毂固定的位置，没有绕其轴线方向自转的区域，高应力区域固定在轴承的第一、三象限，因此可以在相应区域加密润滑点的排布，使润滑更有效，此外管线布置尽量简洁和简短，以提高运行的可靠性。

(4)低温环境对打油时间的影响。由于温度每下降5℃，润滑脂黏度近似翻倍，润滑脂黏度受温度影响特别大，因此低温环境下，泵送润滑脂困难，要求打油频率高，时间长；相反，高温环境下，润滑脂黏度低，泵送容易，要求打油频率低，时间短。

自动润滑系统的设计主要过程为：根据润滑部位及数量、轴承每年或每周润滑量、轴承接口尺寸、维护周期要求，确定泵的容积及分配器选型，并评估泵的泵送能力和管线的压阻。

9.2.4　检测

自动润滑系统检测主要是进行各个部件的功能检测，以及整个系统的高低温、疲劳、振动、防腐、电机防护绝缘等检测。

通过充分的设计和校核，低风速风力发电机组可以采用两套递进式润滑系统，分别为变桨轴承润滑系统、偏航轴承+推力轴承润滑系统，此润滑系统的配置可靠性和性价比都较高，可以使轴承得到及时润滑，以保证机组的良好运行。

9.3　风力机锁定机构

9.3.1　功能

风力机锁定机构又称转子锁定机构，安装在机舱架底部，采用液压缸或机械式驱动，推动转子锁定销伸出，插入与主轴相连的转子锁定盘内，从而锁紧叶轮，风力机锁定机构只有在工人需要锁紧叶轮在机舱内作业维修时才工作。

9.3.2　结构及类型

目前风力机锁定机构主要有机械式和液压式两种，机械式风力机锁定机构是以人工机械为动力将转子锁定机构拧入锁定盘内，液压式风力机锁定机构以液压为动力将转子锁定机构推入锁定盘内，两种机构各有优缺点，下面详细叙述。

1. 机械式风力机锁定机构

机械式风力机锁定机构如图 9-9 所示，主要包括锁定盘、机架安装孔、润滑

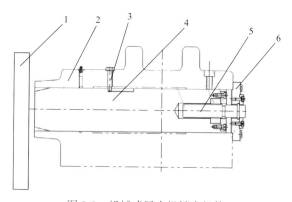

图 9-9　机械式风力机锁定机构

1. 锁定盘；2. 机架安装孔；3. 润滑油孔；4. 锁定销；5. 机械推进杆；6. 安装固定盘

油孔、锁定销、机械推进杆和安装固定盘等部件。

1)锁定销

机械式锁定销一般采用合金钢材料制成，通常采用偶数数量来进行制动，一般行程较短，需要定期增加润滑油防止锁定销锈死。

2)机械推进杆

机械推进杆是机械式风力机锁定机构的动力源部件，通过机械推进杆施加外力推动锁定销对准锁紧盘上锁紧孔进行风力机锁定，一般采用螺柱推杆进行工作。

2. 液压式风力机锁定机构

液压式风力机锁定机构如图9-10所示，主要包括锁定盘、机架安装孔、锁定销、活塞杆、安装固定盘和行程开关等组件。

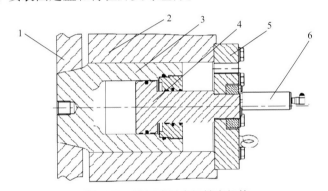

图 9-10 液压式风力机锁定机构

1. 锁定盘；2. 机架安装孔；3. 锁定销；4. 活塞杆；5. 安装固定盘；6. 行程开关

1)锁定销

液压式风力机锁定机构锁定销一般采用合金钢材料制成，通常采用单数数量来进行制动，一般行程较长，直径较大，输出的制动力矩大。

2)活塞杆

活塞杆作为液压式风力机锁定机构的动力驱动，是关键部件之一，活塞杆由于大小头面积不同，在液压站驱动下进行伸出和收缩对应不同的速度，活塞杆的伸出和收缩直接控制着风力发电机组叶轮的锁定和解除。

3)行程开关

液压式风力机锁定机构存在着三种状态，风力机锁定、风力机解除锁定和风力机工作过程中，锁定机构的行程开关通过监测锁定销的行程来进行三种状态的监测，并通过电信号反馈到主控中从而监测液压式风力机锁定机构的工作状态。

9.3.3 选型设计

风力机锁定机构设计步骤如图 9-11 所示，根据载荷和空间要求、转子锁定盘尺寸初步选定转子锁定销的型号，迭代计算转子锁定销产生的实际锁紧力矩是否满足载荷要求，其中制动力矩、安装螺栓受力和机架所受压应力为主要核算参数。

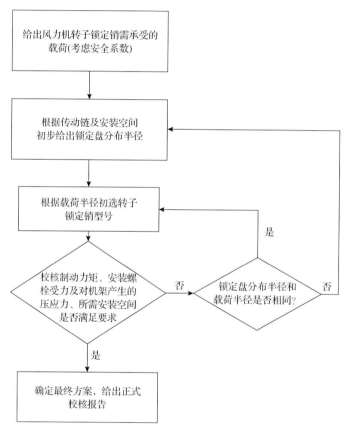

图 9-11　风力机锁定机构设计步骤

9.3.4 检测

风力机锁定机构设计选型完成后，需要进行样机性能检测，主要包括外形检测、机械性能检测、压力检测和行程开关检测等。

1. 外形检测

风力机锁定机构外形检测主要检测紧固件安装情况、连接安装尺寸测量、外观涂装、锁定行程开合状态等内容。

2. 机械性能检测

机械性能检测的目的在于检测风力机锁定机构的抗拉强度及其运动的低温冲击性能，保证部件本身满足要求。

3. 压力检测

在风力机锁定机构额定工作载荷下，进行一定时间的保压，锁定系统不能出现失效现象。

4. 行程开关检测

风力机锁定机构行程开关测试主要用于检测锁定机构的三个状态，即完全收回状态、正在工作状态及最大伸出状态，每个状态下都应该准确显示工作正常。